島へ、浦へ、磯辺へ

わが終わりなき旅

川口祐二

ドメス出版

島へ、浦へ、磯辺へ——わが終わりなき旅＊もくじ

第一章　島紀行――島へ、港へ

第二章　海辺の人に出会う旅

第三章　海への思い五〇年

本文挿画　田淵　由美
装　　幀　市川美野里

第一章◉島紀行——島へ、港へ

神津島でアシタバ染めをする女性

利島紀行
――椿咲き、サザエが息づく島の話

椿の花を追いながら

利島村役場の窓口で貰った
絵はがき風の全島の写真

伊豆諸島の利島《としま》は、北から二番目、全島一円に椿が咲く島である。「人口三〇〇人に椿二〇万本の椿島」、というのが島のキャッチフレーズだ。二〇一七（平成二九）年二月一四日、大島空港からヘリコプターで利島へ飛んだ。片道七二三〇円、飛行時間は一〇分であった。快晴の空港に春さきの風が吹く。定員は九人、その日の客は三人、機体はすぐ海上を行く。しばらくして利島の尖った山の姿が見えた。山裾に人家が集まって建つ。黒い玉石の狭い浜が続いている。窓に顔を押しつけるようにして下を覗く。ヘリコプターの発着場が真下に見えた。あっという間の一〇分間であった。

漁協の組合長の息子さんが車で迎えに来てくれた。今夜の宿は、組合長の奥さんがやっている民宿である。島特有の上り下りする折れ曲がった道を走って宿へ着いた。

「主人はあすの朝帰りますので、会っていただけると思います。今夜船に乗るからと今連絡がありました」

これが挨拶であった。私は役場への道を尋ねた。坂道を登って行けばすぐだ、と教えてくれた。学校の校舎の裏を行く。昼休みの役場の庁舎は消燈されていた。会計室に女子職員がいた。来意を告げた。もうすぐ課長が来ますので、ここで待っていてください、と言って、私にお茶を勧めてくれた。これが島の地図です、と何枚かの資料を手渡す。明るいさわやかな感じの人であった。課長さんが来た。石野《いしの》誠《まこと》さんである。この人も屈託のない笑顔で、どこへ行きますか、と問う。椿を見たいと告げたら、じゃ、とにかく島をぐるっと廻ってみましょう、と車に乗るように私を誘い、先を歩く。みな親切な人ばかりのようだ。役場は村の顔である。利島はいい島だ、と直感した。

尖った山の丸い島は行けども行けども椿だけである。

「八合目までは椿一色、昔の人が段々畑のように山を拓いて植えていったんです。林というより畑ですよ。みんな個人が持っていましてね。平均三町歩ぐらいかな。中には東京へ出て、不在地主というか、そんな人はほかの人に預けていますよ」

「まさに耕して天に至るという言葉通りですね。きれいに管理されていてすばらしい。圧巻です」

「島では、下っぱらいと言いますが、下草刈りをしっかりやりますね。刈り取った下草は椿の枯葉といっしょに焼き、それは畑の肥料にします。木から自然に落ちた実が拾いやすいように、畑の管理は徹底していますよ」

車で走る途中で、モノレールが設置されているのを見た。前方に見える椿の畑は、葉がすっかり落ちて、白っぽい幹だけの椿畑であった。枯れているんですか、と訊《き》けば、石野さんは次のように話す。

「三年前ですがね、葉を食いつくす虫が異常発生しました。尺取虫らしいのですが、それが二種類、わぁーと発生して、大被害を受けたんです。大半はまた回復したんだけど、このあたり、まだ葉が付かないんですね」

さらに走ってもらう。椿畑の中で一人の女性が屈んで実を拾っているのに出くわした。停めてほしいと頼んだ。咄嗟の思いつきであった。ドアを開け、実を拾う女性へ近づいて行き、写真を撮らせてほしいと頼んだ。後ろに立つ石野さんを見て安心したのだろう。拒む様子もなく、にっこりと笑った。

「昼から来ただけだから少ないですよ。野ネズミが暗いうちからみんな食ってしまってね。たくさん拾えるときはもっと大きい袋持って来るんだけど、きょうはこんな小さい籠だけ。野ネズミがすごいんです。課長さん、何とかならない。私の所なんか、家の中までやって来てね。この間なんか、配線までかじってしまって大変だったんだから。今年は特に多いですよ」

女性の手は素早い。目に物見せぬほどの早さで椿の実を拾い、掌《てのひら》一杯になったら籠へ入れるという動作を続けていた。一〇粒ほどを拾って、その人に手渡したら、

「実の入っていないのが混じってはいけませんしね。これね、これは空《から》ですよ」

私が拾った実の中の幾つかを捨てた。実を拾う女性は村山恵子《むらやまけいこ》さんというらしい。

半日のうちに廻るところが幾つもある。欲ばった計画をたてた。椿油を絞る製油所を見たいから

と石野さんに案内を請う。大きな工場である。東京島しょ農協利島店の加藤大樹《かとうだいき》さんに説明を聞くことができた。もらった名刺がしゃれている。横書きのそれは左下に椿の花と葉が刷られていて、裏には、村の人口をはじめ、村の花、木、鳥など、それに特産品が書かれ、これは気がきいていると感心した。特産品の筆頭は椿油である。

「利用する農家は四〇軒ぐらいです。拾った実を二〇キロずつ袋に入れて、ここへ運んで来ます。島の人たち、苗字の同じ家が多いから、袋へ屋号を書きましてね。例えば、イリヤマとかカネニとかいろいろ屋号があります。

椿畑の横に設置されたモノレール

落ちた椿の実を拾う村山恵子さん

油を搾る工程はたくさんあって、複雑ですよ。まずごみの洗い落としから始まります。流れ作業のような工程がずっと続いて、精油は一斗缶に入れられます。一八リットル、椿油の比重は水にほぼ近いから、だいたい一缶一八キロぐらい。今年は実が少ないようで、四〇〇缶ぐらいしか見込めませんけど、昨年は一〇八〇缶の油がとれました。搾った油かすは、畑へ戻して肥料にしますから、リサイクルの点から考えても優等生と言えますね」

作業場の設備を説明してもらいながら歩く。途中でタンクの前にチョークで数字が書かれている黒板を見た。

「これはどこどこの農家が一月二四日に、一九七キロの実を持って来て、搾った油が七〇キロ、残りの一二七キロは油かすだ、ということを、心覚えに書いておくわけです」

加藤さんの説明はすらすらと淀みがない。積み上げられている一斗缶の今年の相場は、一缶七万円ぐらいらしい。主に化粧品のメーカーへ売られる。食用となるのは全体の約五パーセントぐらいと聞いた。

多く拾う農家では二〇〇万円の収入が見込まれるというから、利島の基盤を支える産業といえる。下草刈りと実拾いの作業だけとすれば、椿畑はありがたい財産だ。頭上には赤い花があり、足元には金になる実がある。夢の島と言えるだろう。私は帰り道、農協の売店に立ち寄り、椿油を一びん買った。

夕方までの時間を有効に過ごそうと思い、島の郷土資料館を訪ねた。役場の横にある。小さいながらも陳列がすばらしい。島から出土した銅鏡二八面がずらりと並ぶ。しかし何と言ってもこの郷土資料館は暮らしをテーマにしているという点が特筆できる。村人の総意が結集して誕生した施設といえるだろう。中国から訪れた考古学研究家が次のような讃辞を寄せている。

——人口わずか三〇〇人しかいないこの島に建てられた資料館から溢れ出る精神を見れば、我々は敬意を払わざるを得ない。館内にある展示品と収蔵品は、世界の有名な博物館と同様の文化内容、すなわち日本の伝統文化、歴史を反映しており、まさに全人類の精神文化的遺産とも言える。

事務所のドアをノックして山口順一《やまぐちじゅんいち》教育長に挨拶した。

「私は瀬戸内海の小豆島生まれなんですよ。縁あって、この島の学校の校長をしましたので、そのあと教育長をしてくれということでね。『二十四の瞳』のあの分校じゃなく、私は本校を卒業しました」

「島は島でも、島違いですね」

私はこのように相槌を打って笑った。

島の道を歩いた。玉石垣が至る所に見られた。マメヅタに覆われた風情のある道があった。椿の花の咲く枝を撮ろうと探す。右左を見ながら歩を進める。小さな石の祠《ほこら》があった。道より一段高い狭い所に佇んでいる。天満《てんまん》神社と書かれた案内板が立っている。菅原道真を祀《まつ》ると記されている。祠のまわりに三つばかりの椿の花が落ちていた。

赤い椿白い椿と落ちにけり

河東碧梧桐《かわひがしへきごとう》のこの句が思い浮かぶ。しかし、利島には白い椿はないだろう。それならと、鞄から俳句歳時記を取り出して、春の部の頁を繰った。

網干場すたれてつもる落椿　水原秋櫻子《みずはらしゅうおうし》

がある。宿へ急ぐ道にも点々と赤い花が落ちている。道路へ枝を出している椿の木の花を探した。

仰向きに椿の下を通りけり　池内《いけうち》たかし

この句そのままに、私は椿の花の下を通って宿へ急いだ。

島の古老二人に会う

その夜、梅田茂夫《うめだしげお》さんから話を聴くことができた。漁協組合長の梅田寛《ひろし》さんが緊急の出張で島を離れたので、代わりにと来て下さったのである。梅田さんは二〇年ほど漁協の職員であった、と言われる。八〇歳前後であろうか。

「利島で生まれました。ここは漁業よりも椿の実を拾って油を取る、よそとはちょっと違った農家の方が多い島ですね。ぐるり何も入り江もない丸い島で、私らが子どものころは、港湾施設は全くなくてね。船を出すことができなかった。島が良くなったのは、離島振興法が制定されたおかげです。いろいろな対策がされましたし、泊地が出来たのが島の漁業の発展のきっかけになったと思います。泊地というのは、漁協の水揚場の前の漁船が舫《もや》う所、建屋もよくなるし、蓄養施設も整備されましたしね。

入り江がない島ですから養殖はできないし、かえってそれが利島独特の漁業に発展したんだと思いますね。利島は新島《にいじま》などと同じようにテングサが採れました。三重の鳥羽から海女さんが何人か来て、ここで潜って採ったですよ。今も一人、当時の海女が暮らしているけど、もう年も八〇に近いし、六〇年も前のことはみんな忘れたと言っています」

こんな話をしている所へ、藤井良治《ふじいよしはる》さんが来られた。元村長さんである。夜、暗い上り下りする坂道を歩いて来て下さったのである。利島へ渡ろうと決めたとき、誰かに会って話を聞きたいと思い、まだ会う機会を得ていない新島村の元村長である出川長芳《でがわたけよし》さんに、誰か紹介してもらえないか、と手紙を出した。拙著『海女をたずねて』が出たとき、すぐ一冊を届けたことから、何回かの手紙のやり取りがあった縁による。

時を措かず出川さんから電話があった。

「それなら利島村の前田福夫《まえだふくお》さんがいい、村長さんで私もよく知っているから頼んでおきますよ。私からの紹介でと村長さんに電話して、誰か探してもらえばうまく行きますすよ」

電話の主は、村長の電話番号を私に告げた。すぐ前田さんに電話をした。

「出川さんからの電話で聴いているんですがね、私はあいにく一四日から町村長会議で上京しますのでね、代わりに、元村長の藤井良治さんに頼んでおきました。夜、宿へ訪ねると思います。せっかくの機会だから、いろいろ尋ねて下さい。職員にもあなたのことを言っておきます」

村長さんはこのようにてきぱきと気さくな感じの話し振りであった。考えてみれば、幾人もの親切に支えられて、利島へ来ることが出来たのである。藤井さんは梅田さんより、二つほど年下らしい。座ってすぐ、梅田さんの話に続けて次のように言う。

「海女がこの島でテングサ採りをするようになったのは、昭和三三（一九五八）年ごろからだったですよ。イセエビの乱獲がたたって、やや下降ぎみのときで、その代わりにテングサ採りがさかんになってね。最初は千葉の外房《そとぼう》の海女が来ていたんだけど、あと、三重だね、鳥羽の石鏡《いじか》という漁村から、八人ぐらいの海女を呼び寄せて採ってもらった。たしか里中《さとなか》さんという人が、海女を集めて連れて来たですよ。

海女さんたちは一軒の家を借りて共同生活だ。言葉が面白くてね。連中同士で話すとね、早口で男のようなしゃべり方で、独特の言葉でしたよ。テングサがよく生えていたし、海女さんたちはよく働いたからね。当時の村長の月給より、彼女たちの賃金の方が高かったという話が残っていますよ。海女さんたちが潜った所は、それほど深い磯ではなかった。

とにかくテングサが採れてね。よく採れた。それに値段が良かった。でも島の女の人はやらなかったですよ。鳥羽から来た海女さんたちは、木綿の絣《かすり》の刺子《さしこ》の磯着をいつも着ていました。連中は、ウエットスーツが普及するちょっと前ぐらいから、利島へ来ていたと思います。当時は今のように上下が分かれていない、つなぎのウエットスーツだった。昭和三五、六年ごろだったでしょう。各自の体の寸法を計って注文するとね、その人の体にぴったり合うように仕立てて、店から送ってくれましたよ。海女漁はこれが出来てから仕事が楽になって、二時間ぐらいは楽に潜っていたからね。精を出せば幾らでも稼げる時代だった。

海女さんたちが目標以上の成績を上げたのでね、ご褒美だと言って彼女たちを東京見物に連れて行ったですよ。市兵衛爺《いちべえじい》とか、漁協の役員衆とかが連れて東京へ行った。だけど、彼女たちおとなしくてね、遊ばないいんだ。小学校の子どもたちよりおとなしいんだもの。そんなこともありましたね。

私なんか採ったテングサを干して梱包する仕事を請け負いましたよ。島の人たちの仕事はこちらの方でね。テングサはひと梱包が一〇貫目、島ではそれを一本と言っていました。三〇キロになるまで樽の中へ詰め込んで一本にする。その仕事を三年ほどやったかな」

梅田さんは次のように言う。

「やって来た海女の何人かは島の人と結婚した人もいますが、お互い気が合ってということでしょうけど、これだけは人の縁でいろいろですよ」

「イセエビ刺網漁もここでは大事な漁業だけど、今はサザエ漁がいちばんだね。稚貝を撒《ま》いてね。利島の北の大島にある東京栽培漁業センターから買って放流します。大きいのが獲れますからね。イセエビの刺網に引っ掛かるのもありますが、アクアラングを使って潜って獲るのが主流でね。この宿は、組合長と息子二人でやっているから、二馬力だね」

このように笑う藤井さんに続けて、梅田さんはかつて見られた漁のことを言う。

「タカベが網にやって来るのを待って揚げたよそばりもあったけど、もう五〇年も前のことでね、アオムロを獲るのに、棒受《ぼうけ》もやりましたが、これもちょっとの間だけだった。クサヤはつくらないし、そんなに獲れないから、稼ぎにならない。利島の漁業はイセエビ刺網とサザエを獲るのが中心ですね」

梅田さんがこのように話す「よそばり」とは「四艘張」のことだ。四艘の船が海上で菱形の網を張り、そこに魚を追い込んで獲る漁のことである。網を絞り込んで行って、いよいよ魚を追い込む段階で、各船から一人ずつ漁師が飛び込んで魚を追ったというから、追込漁に似たところもある。タカベは伊豆諸島の海に多くいて、イサキとともにこの地方の代表選手だ。「棒受」というのは、棒受網のことで、漁船の舷側《げんそく》に張り出した網の上に、集魚燈を付けて魚を集めて掬《すく》って獲る漁法のことである。

利島の南の鵜渡根島《うどねじま》について、興味深い話が出た。藤井さんが言う。

「あの島は新島村に属しますが、ずっと以前は利島村のものだった。明治になって東京府が入ってね、ここは椿があるが、新島、特に若郷《わかごう》は漁業だけだから、あちらへ鵜渡根島の漁業の権利を譲ってやってくれないか、と言われてね。利島の人間、人がいいから磯を譲ってやった。そしたら島まで取られたということです。あの島の周りは、魚がよく集まる岩礁が幾つもあるいい磯なんです。地質調査で分かったことだが、利島の地質と全く同じだったですよ。

明治三〇（一八九七）年に測量に入っていますがね、そのときの公図があるんだ。利島にある。二〇年ぐらい前に再度公図を作ったけど、ほとんど狂いがなかった。当時の技師の腕はすごいね。とにかく鵜渡根島のぐるりはいい漁場ですよ」

梅田さんは次のように語る。

「カツオを引き縄でやりましたね。しかし、これも自家用ぐらいだったですよ。この島は椿が最大の収入源でね。田んぼはありません。畑は戦後、サツマイモを植えたり、野菜を作ったけど、今はほとんど椿だけです」

昼間に見た椿畑のモノレールのことを、藤井さんに尋ねてみた。

「役場が設置して管理していますよ。個人は使うだけ、使う者が燃料を入れてね。それがね、椿の実を運ぶだけじゃなくてね。もう一つのことに役立っている。三月約一カ月だけですがね。島の人たちはシドゲと言っていますが、モミジガサというのが生えていてね。これは利島の山菜の代表です。この葉っぱの若いときのを摘んで出荷します。そのときにも、このモノレールが役立ってね。あれをね、モノラックと呼んでいます。シドゲは葉っぱの香りが良くてね。りんごの香りに似ている。仙台へ出荷していますよ。五年前の大震災のあと、ずいぶん売れるようになった。一五、六センチぐらいの若いのを摘んでね。最近は島の人たちも食べるようになったけど、何しろアシタバがあるからね。モミジガサという名の通り、モミジの葉の形をした掌ぐらいの大きさの葉っぱです。この運搬にモノレールが一役買います。今は椿の実を運ぶほか、これがあって二役してくれる施設ですよ。モノレールを設置するのに、四国まで行ってミカン園の施設を視察して来ました」

話は行きつ戻りつした。また、海女の話になった。

「三重の鳥羽から海女さんが来ているころは、テングサ一本、約三〇キロだったけど、それが四、五万円した時代だったからね。伊豆諸島のあちこちの島で仕事をしたんですよ。新島、式根島《しきねじま》、それに三宅島《みやけじま》にもいたしね。伊豆半島はぐるり、どこの漁村にもいたと言っていいですからね。真鶴《まなづる》ではここにいた海女さんの身内が海女漁をしていた。三重からの海女がいた所は、稲取《いなとり》やら小田原の江之浦《えのうら》などいっぱいあるね」

「島の女性は遠くへ嫁ぐということはなかったけど、今は外へ出て行くし、また外からも入って来てくれていますしね。小さい島だけど若い人が多い。住めば都とは良く言ったものです」

梅田茂夫さんはこのように笑いながら静かに語った。

話が村の選挙のことになる。村長の選挙のときなど、対抗馬はいないらしい。

「やりたい人がいなくてね。私の場合もそうでしたよ。当時、私は村議会の議長をやっていましてね。時の村長が急に亡くなった。さあ大変、あとがいない。次を決めるのは議長の責務だ、と皆から言われるしね。やりたい人がいないから、とうとう私が出るはめになったわけです。今の村長だってそうですよ。島の出身だけど、民間の会社にいて、老後はどこかで悠々自適と決め込んでいたんだ。あの人ならと村の主だった者が、やってくれないか、と上京して頼み込んでね。初めは断っていたんだけど、こちらのぜひ一つという頼みに、じゃあ、やりましょう、と引き受けてくれて、立候補したというわけですよ」

暖かい早春の夜であった。

組合長に会う、そして集荷場へ

朝、漁協の組合長に会って挨拶した。宿は組合長の奥さんがやっている民宿である。朝食のあと、少し話を聞いた。竹芝桟橋を夜半の一〇時に出航し、今朝八時前に着いた、と言われる。

「島が小さいから漁協も小さくてね。正組合員二〇人、以前は五〇人ぐらいいたんだけど、年間九〇日以上の就業という厳しい見直しで、二〇人となった。漁協を組織する上でぎりぎりの数ですよ。私は非常勤の組合長だから、毎日事務所へは行かない。急ぎの相談などは、携帯電話が追っかけて来ます。私も漁師でサザエ獲ったり、今は月夜だから網掛けないけど、二、三日すればイセエ

利島村漁協事務所附近から見下ろす泊地

ビの刺網漁をやります。うちは息子もいて漁師です。きょうもアクアラング背負ってサザエを獲るのかな。

利島はイセエビは冬六トン、春四トン、一〇トンまでですね。他の島は一〇〇グラム以下は獲っても再放流だけど、ここは制限を厳しくして二〇〇グラム以下は駄目ということにしています。とにかく獲り過ぎないことが肝心ですからね。サザエは三五〇グラム以上と決めていま す。一人、一〇〇キロまで、年間の水揚高は年によって差はありますが、一〇トンから多い年で三〇トンぐらいでしょう。ハバノリに人気があってね。今、その採取の時期です。伊東へ出荷しています。あそこがいちばんいい値で引き取ってくれますよ」

夕食に大きなサザエが出た。身が柔らかかったことを告げた。それはね、圧力鍋で蒸すんです。三分ぐらいかな、と語る。利島はサザエの島だ、と組合長は笑った。きのう椿の山を案内して下さった石野さんが、組合の集荷場へ行ってみませんか、と誘いに来てくれた。それはありがたいです、ともう一度厚意に甘えた。

組合事務所下の集荷場には若い人たち四人が、活発な身のこなしで仕事をしている。主任の川村《かわむら》健太《けんた》さんに会った。サザエの梱包の手は休めない。大きなサザエを一つ摑んで見せてくれる。

「五〇〇グラム、もう少しありますか」

「いや、もっとありますよ。計ってみましょうか」

川村さんはこのように答えて目方を計った。秤は八五〇グラムを示した。最近の相場は一キロ当

若い漁協の職員たちが
生きいきと作業をしている

東京はじめ日本各地の市場
に送られるみごとなサザエ

たり一〇〇〇円から一三〇〇円ぐらい、と話す。横で作業をする森山春美《もりやまはるみ》さんに声を掛けたら、気さくに応じてくれる。発泡スチロールの白い箱に、サザエをうつむけにして並べている。一箱二六個並べるという。一個三五〇グラムぐらいであろうか。

「神戸、大阪、名古屋、仙台、それに東京の築地の二店舗など、送る所は多いですよ。今はビニールの袋に五キロ入れます。その中へ海水を入れ、酸素を入れてふくらまして生きたままの状態で送るんですね。箱に何個入っているか書きましてね。業者によってはサザエが幾つ入っているか知りたいと言いますのでね。大きい場合は八つぐらい、普通で一二個ぐらいまでですよ。生きたままで市場に届くから、利島のサザエは上物だと言われて値崩れしません」

「今、ハバノリが旬でしょう。採ってきたのは各自、自分の家で干すんですか」

と訊いた。森山さんの答は違っていた。

「磯で摘んだのを漁協の乾燥機で乾かします。ハバノリは陽に当たると色が変わりますのでね。乾燥したあと、砂やごみなんか、異物を丹念に取り除いて、八〇グラムずつ袋に入れて出荷ですよ。それが三〇〇〇円です。いい収入です。しかし、女の人はあまり摘みに行かない。何しろ、利島の浜は、大きな丸石だけがずっと続いていて、ちょっと危険ですしね。これも今が旬、あぶって手でもんで食べますが、いい磯の香りでね。おいしいですよ」

こんな話を聞いて集荷場を辞した。預けてある荷物を貰

ハバノリを摘むときの竹籠

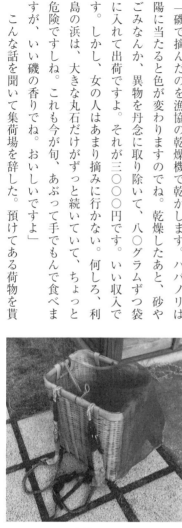

いに宿に帰る。陽の当たる庭に大きな竹籠が一つ置かれている。拾った椿の実を入れる籠かと聞いたら、そこに立つ息子さんが答える。
「これは摘んだハバノリを入れる籠です。朝からサザエ獲りに出たんだけど、波が高いから止めました。これからハバノリ摘んできます」
靴を履いて磯へ行こうとしている島の若者の肩幅は逞しく、真昼の陽ざしが広い背中を照らしていた。

（二〇一七・二・一四／『しま』No.２５０、二〇一七・六）

【参考資料】
『利島村史（通史編）』利島村、一九九六年三月
『日本の島を学ぶ　しまなび』日本離島センター、二〇一四年一一月

神津島紀行
——アシタバ染めや塩焚きの話

四月、神津島《こうづしま》へ

アシタバ染めの女性たち

四月一〇日朝八時半、伊豆下田の岸辺を歩いて、フェリー「あぜりあ」が接岸している港を目指した。春たけなわの朝である。乗船券売場で、「神津島まで往復」と告げたら、あすの天候によっては、欠航になるかも分からないから、片道にしては、と窓口の女性が言う。それに従った。高齢者割引があった。私は神津島で草木染めをしている女性二人から、話を聴こうと船に乗っている。二メートル以上もあるかと思われる波に、四八五トンの巨体が左右に揺れた。島の岸壁で二人の出迎えを受けた。石野田美代子《いしのだみよこ》さんと清水勝子《しみずかつこ》さんである。

「ようこそお出で下さいました。お疲れになりましたでしょう」

美代子さんの快活な呼び掛けである。勝子さんは杖をついて近づいて来た。

「まあまあ遠い所を。私ちょっと足を悪くしましてね」

静かな口調の勝子さんがうしろにいた。

「せっかくお越しいただいたんですけどね、先生、きょうのうちにお帰りになった方が安心ですよ。

かつて山から切り出した石を船に積むための
トロッコの軌道の一部。
島の暮らしの歴史を物語る貴重な遺産である

あすはきっと荒れます。船はもちろん、飛行機も飛ばないと、二日も足止めになりますからね。島に暮らしている者には、分かるんですよ。追い立てるようですけどね」

波止場のすぐ近くに建つ、よっちゃーれセンターの二階のレストランで昼食をとった。美代子さんは民宿を経営している。そこへ一泊するのをやめて、私はその日の飛行機便で島を離れることにした。幸い、午後三時四〇分発の第三便に空席があった。

草木染めの話を聴く前、ちょっとだけ島の道を走ってみようと、北の海岸を案内してくれた。ぶっ通し岩と呼ぶ大きな岩があった。

「岩が向こうまで突き抜けているでしょう」

美代子さんは自動車を運転しながら、このように説明する。老人ホームの大きな建物を見ながら先へ進む。その先、海岸の松林の中に見え隠れするように、トロッコの軌道があった。レールは潮風で赤錆《さ》びている。ずっと以前に使われて、一部が放置されているのだ。

「この後ろの高い山から、石を切って船に積み出すときのトロッコの軌道跡です。山の上から二本のロープウェイで切り石を降ろして、下でトロッコに積み換えて、軌道の先の運搬船へ運んだんですね」

少し進むとすべて木で造られた遊歩道があった。全長五〇〇メートル、絶壁と巨岩を跨《また》いで架けられた木の道である。名づけて、「潮風の道」という。ちょうど一〇年前に出版した私の小著と同名で、偶然でも何だか嬉しい気分であった。

島特有の狭い坂道を少し登った所に、仕事場のある勝子さんのお住まいがある。「又四郎」と太い字の屋号が書かれている大きな家である。座敷の柱が八寸もある。それだけでない。廊下と区別する部屋の角の柱の太さは一尺はあろう。

清水勝子さん

石野田美代子さん

「勝子さんの所は旦那さんが大工だったからね。一年がかりで、気の済むように丹念に建てたんですよ。勝子さんは栃木県の足利の生まれでね。昭和一六（一九四一）年生まれ、私は一つ下の一七年。神津島で生まれて、ずっと島暮らし。島娘が七五歳になりました」

にこやかな二人の笑顔が良かった。

「アシタバ染めは、島の商工会の女性部が発足したときに、何か部の収入になるものがないか、と相談しましてね、初めはアシタバ茶をやりました。しばらくしてから大島から染め物の先生がやって来て、染め方を教えてくれましてね。アシタバなら島にはいくらでもあるし、これなら出来るんじゃない、ということで、やり始めたんです。たしか平成に入ってからですよ。古くから島の人たちがやって来た仕事ではないんですね。勝子さん、いつから始めたのだったたっけね。あなた覚えてる」

「平成一五年からですよ。それでも、もうかれこれ一四年になりますね」

石野田美代子さんは次のように話す。

「初めは島内販売でした。島へやって来る学校の子どもたちに、染め方を教えたりしました。体験学習をしたいと団体でやって来る人たちとかね。だんだん関心を持って下さる人が増えて来ましたね」

「やってるうちに、女性部の連中も染めるのが上達して、これなら売り物になるね、と自信がつきましたのでね、もっと広めようとなったんです」

この勝子さんの言葉に、美代子さんは続けた。

「あまりたくさん作れないから、今も島内のお店だけです。今年、竹芝桟橋にある伊豆諸島の物産販売コーナーへ出品してはどうか、という話は進んでいます。夏ごろには実現すると思っていますけどね」

「今は私たち二人だけなんですよ。仕事の合い間に美代子さんに手伝ってもらっています。この人、民宿もやってとにかく忙しい人でね。染めは私が専門にやります」

「勝子さんが染めをやりまして、私はそのお手伝いなんです。私は民宿をやっていますでしょう。今年は、東京から島の高校へ四人、離島留学というのかな、神津高校へ入学した生徒さんの中の三人を預かることになってしまってね、ほかに、商工会の女性部の部長とか、明日葉《あしたば》会という会があるんですが、その部長までさせられちゃってね。そんな仕事の合間合間に手伝うだけ。乾いた布のアイロン掛けとか、畳んだのをセロハンの袋に入れるとかね。こんな手仕事にも手間暇かかりましてね。

女性部の事業のときは、多いときで一〇人位いましたね。みんなでわいわいがやがやと言いながらやっていたんですよ。そのあと民宿ブームで、アシタバ染めまで手がまわらないとか、年とって駄目になった、とか言ってね。一人減り、二人やめるようなことで、今は、私たち二人だけになってしまいました」

美代子さんのこの話に、私は次のように応じた。

「孤塁を守る、というのかな。すばらしい手仕事を無くしては惜しいですよ。島の宝物にできないですかね」

「年間、染める枚数は三〇〇枚位ですよ。もう少し多いかな。布は四国の今治《いまばり》のいいものなんです。染める液の量もありますしね。一日どう頑張っても一〇枚以内、ほとんど六枚ぐらいですよ。それを仕上げるのに三日、四日はかかりますからね」

勝子さんはこのように言う。

二人はアシタバで染めるほかに、ラセイタソウを使って染める。染め上がった色は紫っぽく落ち着いた感じだ。ラセイタソウは、手元にある『牧野植物図鑑』を開くと、次のように説明されている。

海岸の岩の間などに生える多年草。茎は群生して直立し、茶褐色。葉は対生。葉質は非常に厚く、表面は細かいしわとなり、裏面は細脈が目立つ。

美代子さんが近くに生えていたのを、ひと摑み用意してくれてあった。ざらざらとした、特有の手触りである。そのものずばり神津島では、ざらざら草と呼んでいる。

「とにかく日にちと労力がかかりますからね、手作業の宿命というのか、そんなことで、安い値では売れないんですよ」

美代子さんの体験から出た、この言葉には説得力があった。

アシタバ染めの手順を玄関先で聞いた。ステンレス製のいくつかの鍋に実物が入っていた。勝子さんが箸を使って、染める説明をしてくれる。それを要約すると次のようになる。

アシタバの葉と茎を刻んで、鍋で二〇分間煮て汁を絞る。これを四回繰り返し、煮た汁を全部合わせて染液とする。この染液を熱して、その中へ布を浸す。布は長さ一本一八〇センチの手拭い幅のもの六本をいっしょに入れる。布を浸して一〇分間煮る。次に火を止め、ときどき掻き混ぜながら三〇分間それを繰り返す。あとは冷めるまでそのままにしておき、冷めたら布を出して絞る。これを媒染液*の中に入れ、三〇分ほど浸したあと、媒染液から取り出してよく水洗いをする。もう一度、先ほどの染液を火にかけて熱し、水洗いした布を一五分ほど煮る。木綿は、しっかり染めるためにそのまま一晩置く。これが一工程である。この作業を最低でも三回は繰り返さなければならない。三日かかるわけだ。

「ですからね、どうしても袋に入れるまでには、四日から五日はかかるんですよ。染め上がったのは一八〇センチのもので一八〇〇円ですが、水を使い、ガスを使ってね、アシタバは私が自分の畑で刈って来るから、ただのようなものでも、この手間ひまがね。又四さんは根気のある人で黙ってやるから続くんですよ」

美代子さんは、勝子さんを又四さんと屋号で呼んだ。
媒染液にはみょうばんを入れるが、椿の枝葉や幹を生木のまま、空き缶などで燃やし、できた灰を水に入れ、上澄み液をコーヒーフィルターで漉《こ》して取ったのを使う場合もある、と聞いた。
勝子さんの丹念な仕事ぶりを見ていて、これこそが日本人の誇る手仕事だ、と思った。帰ってすぐ柳宗悦《やなぎむねよし》の『手仕事の日本』（岩波文庫）の頁を開いた。開巻、冒頭は次の一文で始まる。

貴方がたはとくと考えられたことがあるでしょうか、今も日本が素晴らしい手仕事の国であるということを。

そして、その章の終わり近くには次のように書かれている。

そもそも手が機械と異なる点は、それがいつも直接に心と繋がれていることであります。機械には心がありません。手はただ動くのではなく、いつも奥に心が控えていて、これがものを創らせたり、働きに悦びを与えたり、また道徳を守らせたりするのであります。
—（中略）—それ故手仕事は一面に心の仕事だと申してもよいでありましょう。

私ははるばる神津島へやってきて、「心の仕事だ」と言える、すばらしい「アシタバ染め」という手仕事を、身近に見る幸運に恵まれたのである。

海藻、蚕の話

「中学を卒業してすぐ家の手伝いです。あの時代、島の娘みんなそうですよ。島を離れて下宿して高校へ行くことなんか、夢のような話でした。岩ノリを摘みましたね。以前は、柱時計のぜんまいを棒切れに取り付けて、道具を作ってね。それで掻き採りました。ぜんまいは鋼《はがね》で出来ているから丈夫でね。岩ノリの短いのを摘むときは、道具が違うの。針金を何本も短く切って、それらを束ねて、ささらを作って掻き採りました。どの道具も家で作りましたよ。

神津島は、今もテングサが採れます。私なんか磯めがね付けて潜ってね、海女のようにして採りました。深い所までは潜れないから、海女さんの真似事のようなことでした。それとハバノリですね。ここではハッパと言っています。旬は三月、これは石の上に付いたのを、手でちぎるだけだから、海の中へは入らなくていいの。伊豆半島ではハンバと言いますね。利島《としま》でもよく採れますよ。

以前は島のぐるり、海藻が多かったですね。波が去ったあと、浜に流れ着いたのを拾いました。網へ入れたのを頭に載せて、いただきで運ぶ人もいたし、タモ網で掬《すく》う人もいました。浜辺が豊かだったですけど、今は少なくなってね。何もかも減ってしまいました。

神津島には以前、養蚕があったの。昭和五五（一九八〇）年ごろまでありましたよ。まゆ玉を東京の鐘紡《かねぼう》へ一手に売りました。さなぎの入っている種まゆを売ったんですね。だから、島では絹糸は縒《よ》らなかったです。島の中には桑畑はないんです。山に生えている桑の木の枝を伐《き》り落として葉を集めました。自分の家の山だけでは足りない家は、親戚に頼んで伐らせてもらうとかね。桑の木に登って、のこぎりで枝を伐り落とすの。ゆたんと言っていた袋に、葉を入れて運びました。蚕は脱皮するときは、桑の葉を食べないですが、そのあと絹糸を吐いてまゆを作ります。このときは、ひと晩中、葉を翻《かじ》りましてね。ざざっと言うか、ざらざらと言うか、ちょうど雨が降っているような音がしました。鐘紡が手を引いて、この島の養蚕は絶えました。

本土から来て下さる観光客も変わりました。今は、島の道歩いても、指先動かして歩いてね。人の顔見るどころか、話もしないんですよ。世の中、発達したんでしょうけど、つまんないね。いくら知らない人でも、こんな狭い島の中ですもの、会ったときは、こんにちは、と挨拶したいですよ。それがどの人も、みんな俯いているんだもの。狭い道歩きながらも、あれやってんですからね。ピッと自動車の警笛鳴らすと、初めて顔上げる。人間がスマートホンに振り廻されている、そんな感じですね」

よもやま話は尽きなかったが、飛行場への時刻が迫っていた。流人墓地だけ見て帰りたいと案内を乞えば、すぐそこだ、と教えてくれる。墓地は清水さんの家の向こう、繁みのある静かな場所にあった。二、三段石段をあがると、白砂が敷きつめられ、ここだけが真っ白く美しい。大小幾つかの墓石が並んでいた。

豊臣秀吉の朝鮮の役の際、孤児となった朝鮮貴族の娘を、キリシタン大名小西行長が戦場からつれかえり、長じて洗礼名ジュリアと名づけて養う。関ケ原の戦いの後、徳川家康の大奥に仕えることになっ

村中にひっそりと祀《まつ》られている流人の墓。
大きいのがジュリアの墓石と言われる

たが、家康のキリシタン禁教令にふれて、慶長一七（一六一二）年、大島、新島を経て神津島へと流され、ここで殉教の生涯を終えた。キリシタンの墓石と伝えられるものがこれで、その周囲にある墓石は徳川五代将軍綱吉の宗門禁止の弾圧を受け流された日蓮宗不受不施派の僧侶などの墓であり、往時を偲ぶ史蹟として、昔から島民により手厚くまつられている。

清水勝子さんにもらった、『神津島観光便覧』には、このように書かれていた。

狭い山道を越えた。飛行場にはまだ一人も客はいなかった。運賃を払った。一万五三〇〇円と手荷物一個分の料金がそれに加算された。空港待合室のドアを押して、見送って下さった二人に挨拶した。

一九人定員の小型飛行機の、その日の最終便の乗客は七人であった。飛行機は機首を西に向け助走する。滑走路の端でくるりと方向を変え、すっと浮上した。すぐ、眼下に三浦湾とその先の多幸《たこう》湾《わん》が見下ろされた。瞬時にして三浦漁港の二本の突堤が視界に入る。膝の上に二万五〇〇〇分の一地形図が広がっている。砂糠崎《さぬか》の見事な景観が眼に飛び込んで来るのは、すぐであった。二〇分ほどして、早くも江の島が見えた。ずっと西の先に、真っ白い姿の富士山が、春霞の中で西陽に照らされているのが望まれた。

再びの神津島

又四さんのちょっといい話

六月二九日、再び島の桟橋で二人の出迎えを受けた。前回、四月に果たせなかったアシタバ染めを、写真に撮らせてもらうためであった。美代子さんも手伝ってくれる。清水勝子さんもかつては、又四郎という屋号で民宿をやっていた。広い台所がある。そこが染めの作業場として使われている。繰り返して水洗いする作業など、水をふんだんに使うのが実感された。勝子さんが染めた布を絞りながら語る。

「この仕事を始めたころにね、水道の検針の人が、おばさんの所、すごい使用量なんだけど、どこか水漏れしている所あるんじゃないと尋ねてくれたことがありました。こうこうだと説明してやりましたけどね。神津島は水切れの心配はありませんね」

染めの仕事のあと、島に住むようになったちょっといい話を聴くことができた。

「この前申しましたように、私は栃木の足利の生まれです。中学卒業してすぐ東京へ来ました。集団就職で呉服店へ奉公しました。学校の先生の引率で、東武鉄道の電車にみんなと乗ってね。東京へ着いて、あちこち散らばってね。私は北千住の呉服店へ雇われて行きました。

朝七時半から夜遅くまで、仕事が終わって銭湯へ入って帰るともう一一時、ほとんど働き通しでした。夜は寝るだけの毎日でしたね。でも、あの時代、それが普通のようなもので、お互い、助け合いがあって良かったと思いますよ。辛いことも多かったけど、みんなそんなにして働いていたんですからね。

辛かったといえば、毎日の水使いで指先にひび割れができましてね。痛かった。あるとき、女中頭の人が、味噌を塗れ、と教えてくれましてね。あの味噌汁に使う味噌を、これつけなさい、と下さったの。ひび割れの所へ、すり込むようにしてつけました。滲《し》みること、涙が出るほどでしたけど、我慢して何度かすり込みましたら、治りましたね。いろいろなことがありました。暇ができると、手拭いやタオルを畳む仕事を言いつけられましてね。それが今のアシタバ染めの仕事に、役立っています。呉服店でしたから、木綿の布なんかも仕入れていましたので、その伝手《つて》で今治の製品をこんなにして送ってもらっているんです。

あるとき、お店のお得意様がね、用事があるから、店が終わってから、ちょいとお出でよ、と声掛けて下さってね。八時過ぎに行きました。そこに若い人とその父親らしい人が、お得意様といっしょに、私の来るのを待っていてくれましてね。その若い人がのちの私の主人だったんです。主人は神津島から出て来て、大工で東京で働いていたんですね。今から考えますと、簡単なお見合いのようなものだったんですよ。

東京で世帯を持って、男の子二人授かりました。家族四人で、主人の生まれ在所の神津島へやって来ました。昭和四八（一九七三）年四月でした。島へ帰ってからも、主人は大工をやりました。一年で三軒は建てましたね。そのあと民宿ブームで、島の中は、あの家もこの家もと民宿をやるようになりましてね。それなら、われわれもやろう。家は建てたばかりだし、大きいし、と二人で決めて、屋号の「又四郎」で民宿を始めました。

主人は船を造って魚を獲りました。獲った魚を客に出しますと、どの人も喜んで下さってね。家は新築だから、木の香がすばらしいと言ってくれますしね。始めたころは東京からの船便が、朝四時半に着きましてね。だからやって来るお客様は、上のベランダに茣蓙《ござ》敷いて、そこで休んでもらいました。前日からのお客がまだ寝ていますからね。その船は、五時半に熱海へ出航して行きました。でも主人が私を残して亡くなりましたので、民宿は一人ではできませんから、廃業しました。

私なんか島で生まれた人間じゃないから、初めのうちはまごつきましたけど、助け合いのおかげで、きょうまで何とかかね。特に商工会の女性部が出来て、アシタバ染めをいっしょにやって、みなさんと仲良くなってね。美代子さんとはもう今はきょうだいのようなものですよ。亡くなった主人は、昭和一四（一九三九）年生まれでした」

塩焚きの話

その日は石野田美代子さんの民宿である山見荘《やまみそう》に泊まった。屋号は嘉衛門《かえもん》である。東京都内の高校生三人を預かっている。離島留学というのだろうか。男子生徒二人は別棟で寝泊まりし、女子の生徒は調理場の上にある二階の一室を使っているらしい。三人といっしょに夕食をとった。青年の一人は浅草駒形橋の近く、もう一人は隅田川の東向こうの江東区から来たと言う。女の子は大田区の大森だと答えてくれた。男子生徒の一人は、話しながらも、スマートフォンから目を離さなかった。

夕食のおかずの中に、パイ生地に溶き卵やベーコンを入れて焼いたキッシュが出された。

「若い子たちの口に合うように、毎日献立には気を使いますね。孫三人を預かったような気分ですよ」

美代子さんは料理を運びながら、このように話した。

翌日、前田正代《まえだまさしろ》さんが約束の九時に来てくれる。役場の職員であった人で、島のことならなんでもこいの、いわば島の生き字引というか、語り部というべきか、何枚かのコピーした資料を持って玄関を開ける。食堂で初対面の挨拶をした。日本離島センターが発行している季刊誌『しま』の編集の人から、神津島へ行くのなら、この人を訪ねよ、と紹介してもらったおかげで、この朝のめぐりあいとなったのである。

「生憎《あいにく》のこの天気でね。あなたが行ってみたいと手紙にあった、千両池へは行けそうにもないから、写真を持って来ました」

前田さんは開口一番このように言う。

「この嘉衛門生まれの女性で、今、八七、八になるお婆さんがいるんだけど、以前に塩焚きをしたと聞いたことがあるから、そこへ行ってみましょう。家にいると思うから案内しますよ。あとは天気と相談だ」

自動車は細い道を走る。民宿ブームのころ、家を建て直したので、どの家も二階建てになってね、と前田さんは呟く。車体すれすれの狭い道であった。

訪ねる人は、中村嘉子《なかむらよしこ》さんである。突然にうかがったことをわびたが、にこやかに迎え入れてくれた。この家も大きな家で、玄関の三和土《たたき》も広く、廊下の幅は一間半もあろうかと思われるほど、ゆったりとしている。

「嘉子の嘉は、生まれた家の屋号が嘉衛門だから、その嘉をとってつけてくれたんですよ。昭和五（一九三〇）年一〇月生まれです。戦争が終わる直前に、伊東へ疎開しましてね。一度に渡れないからくじ引きでね。島は一〇区まであって、私らは三区だった。九番目に疎開したですよ。小さな船でね。三〇人ぐらい乗って行ったかな。はっきり覚えていない。数えの一六だった。高等科を卒業していましたね。

父親は昭和一六年に出征して、小笠原へ行ったですよ。そして二〇年に帰って、九日目に死にました。母親が私ら四人の子を育てました。嘉衛門には畑がありましたからね、サツマイモを植えたですよ。縁の下にイモ穴が掘ってあって、サツマイモをいっぱい入れていました。父親が帰ってそれを見てね、軍隊より楽な暮らしをしていたんだな、と言ったですよ。それなのに、サツマイモも腹いっぱい食べずに、九日目に死んじゃったんだよ。おばあさんが母親代わり、母親が父親代わりで暮らしました。

塩焚きがあってね、そこへ働きに行きましたよ。二月に父親が死んで幾日もたたないうちに、塩焚きの仕事に行ってね。塩焚きは金になったですよ。新島から渡って来た人もいっしょにやったね。名組《なぐみ》という小さい湾の岩場の陰の所に、かまどを作って焚きました。鉄板を四角に切って、畳半じょうぐらいの鍋作ってね。潮水汲んで焚いたですよ。薪《まき》はね、松の枝を拾い集めたです。新島から兵隊さんが来て、松の木を伐って、その枝が山に残っていたから、それを集めました。山の斜めのところを、上から投げてね。薪はただだったですよ。潮水汲むのも海はすぐそばだったからね。煮つめて行って塩になるころ、白くなって来るとね、男の人たち唄歌ってね。でったら、しょったら、色が白なら金儲け、ねったら、しょったら、ねったら、しょったら、と声出して、歌ってね。家から塩焚きの場所までは歩くのに時間がかかりました。

塩焚きの話など、
思い出を語る中村嘉子さん

塩買ってくれる人がいたの。山田さんと言いましたけど、あれは専売だから本当はいけないんだ、と言って、三年ぐらいで終わりました。でも、始めたころは大勢が焚きましたですよ。思い出すと涙が出ます。

嘉衛門から私はこの中村の家へ嫁に来たんだけど、ここは、屋号は初めは武平《ぶへい》だったの。あとで番外と言われるようになってね。民宿をやったころは、番外でした。昔、島で演芸があってね、踊りが好きだったので、中村武平がね、この人が、番組の番外で踊ったの。洗面器を腹に当てて叩きながら踊ったんだってよ。番外さんで金盥《かなだらい》、とうたいながら踊ったから、それからは屋号は番外となったの。

台風が来る季節になるとね、九州の大分の方から家船《えぶね》が来ました。何隻かが船団を組んでやって来てね。島の周りで魚獲ったですよ。上手でね。船には風呂がないから、湯を使わせてあげました。少しだけど、お礼だと言って、母親にお金をくれました。母親はその金を貯めてね、その金で布団を縫いました。民宿を始めるとき、役立ったですよ。家船には子どもも乗っていてね。船が来ると、島の人たちは、大分船《おおいたぶね》が来た、と言いましたね」

郷土資料館から多幸湾へ

この霧では千両池はとても行けないから、割愛しよう、と前田さんは言う。観光便覧の「神津島」の頁を開くと、千両池について次のように説明されている。

展望台から見る多幸湾と三浦漁港、崩れた白い崖が望まれる

砂糠崎のみごとな海岸。調布空港へ飛ぶ飛行機の窓から写す

運搬船が一隻岸壁に憩う
静かな三浦漁港

池という名がついているが、湾のように丸く入り込んだ入江である。奇岩と絶壁に囲まれた入江の景観が美しい。外海が荒れても、ここは波静かで釣場としても名高い。

　行けないとなると、なおさら行きたいと思うが、ここは退却も勇気だ、とあきらめた。千両池は、神津島のいちばん南にある小さな入り江。昔、江戸へ米を運ぶ船が島の沖で遭難した。島の村人たちがこの池へ引き入れ、船を隠した。あとで積み荷の米を飢えている人たちに分配したので、その年は飢えて死ぬ村人はなかった、という言い伝えが残っている。入り江の周りはぐるり絶壁で、そこへたどり着くのは命がけだ、と案内者は笑いながら話した。

　神津島郷土資料館がすばらしい。玄関がユニークである。倉庫風のどっしりとした扉を開けると、右には、小さな事務室があり、すぐ展示室が控えている。三、四人の若い入館者といっしょになった。漁業のコーナーの隅に吊り下げられている長い網が圧巻である。海藻を入れたらしい。玉網と表示されていた。

　多幸湾へ走ってもらう。港近くの集落の中の道路に比べ、島の周りの道はきれいに整備されて快適だ。そこには見事な白砂の浜があった。山から崩れ落ちた崖は真っ白である。一本の細い瀧があった。瀧口は崩落防止の加工がされていて、少々風情がない。しかし、砂浜いちめんにハマゴウが群生し、夏の花を用意していた。波打ち際にはコウボウムギ、滴り落ちる水辺にはクレソンが生えている。そのそばの砂の中に、ラセイタソウが一株、潮風に揺れていた。戻って展望台から海岸を見下ろす足元には、スカシユリの赤い花が咲いている。ハマユウの株もあった。

二本の堤防で港が築かれている。三浦漁港だ。漁船の何隻かが舫《もや》っているほかに、巨体の運搬船が一隻、岸壁に横たわっている。静かな港がそこにあった。

（二〇一七・六・三〇／『しま』No.251、二〇一七・九）

＊媒染液は、鉄釘五〇〇グラム、酢五〇〇cc、水五〇〇ccを鍋に入れ、三分の一になるまで煮つめたものを使っている。

【参考資料】
二万五〇〇〇分の一地形図「神津島」国土地理院発行
『神津島平成二九年度・観光便覧』神津島村産業観光課発行
柳宗悦著『手仕事の日本』岩波文庫
『島々の日本』日本離島センター

三宅島紀行

――海女を訪ね、島を歩く

神着《かみつき》で海女に会う

「私が志摩の相差《おうさつ》（現・三重県鳥羽市相差町）から三宅島《みやけじま》へ来たのが、昭和三三（一九五八）年ですから、かれこれ六〇年近くになるんです。伊勢湾台風の前の年だったですからね」

このように語るのは、高田勲子《たかだいさこ》さん。昭和一二（一九三七）年生まれだ、と言う。

「二人、同い年でね。私が一二年の一〇月生まれ、もうすぐ八〇歳です。勲子さんが一カ月遅い一一月生まれでね。三重の志摩郡長岡村相差という、海女が大勢いる漁村で生まれてね。中学卒業する前から、夏なんかもう海女の真似事ですよ。勉強なんかそっちのけで、磯へ行ってはピチャピチャと体動かしていました。深い所までは潜れないから、浅い所でトコブシやサザエを獲ってね。あのころは貝はたくさんいたからね。当時は高等学校へ行く人なんかごくわずかでね。特に女の子は一人いただけでした。中学出ればほとんど女性は海女になりました。稼ぎがありましたからね。女の子が生まれると、その家は大喜びで赤飯炊いた、と言われていましたよ」

これは勲子さんの横に座る里中恵美子《さとなかえみこ》さんの昔の思い出話である。

私は二〇一七（平成二九）年一〇月初め、海女を訪ねて調布飛行場から、三宅島へ来た。二人は

三宅島神着に暮らす三重県出身の元海女、里中恵美子さん（左）と高田勲子さん

揃って恵美子さんの自動車で、宿まで駆けつけてくれたのである。

三重県の志摩地方から、海女仕事で三宅島に出稼ぎに来て、島の人と結婚して今も元気に島で暮らしている人が何人かいる、ということは以前から聞いていた。しかし、その人の名前は、といった人物の特定は、個人情報保護の上からも、大変むずかしくなっている。最初の情報は、『しま』の編集の方から、三宅島の神着に何人かの人が住んでいるらしい、と書かれたはがきだった。しかし、名前は分からない。誰か分からないが島へ渡ってみようかと、とつおいつしていると、運よく愛読紙の「東京七島新聞」の女性の職員の方から、私は三宅島の出身で、以前いた所の近くに三重からやって来た海女さんがいるから、今度お盆に帰ったとき頼んでみましょう、と連絡があり、九月になって、その返事を貰った。来て下さい、ということですからね、と電話の主の声は心なしか、弾んで聞こえた。いくつかの親切な協力のおかげで、聞き書きの旅は始まったのである。台風シーズンを避けて、一〇月早々の出発、その日の調布飛行場は微風、予定の時刻に飛行機は飛んだ。

一夜泊まりの宿とした民宿は、島を一周する広い道路から少しはずれた繁みの中に建つ。座敷のテーブルをはさんで話を聴いた。

「相差で海女の仕事をしていたときは徒人《かちど》ですよ。一人で磯桶持って思い思いに浜歩いて潜る海女でした。夏は、アワビとサザエ、特にアワビが多くいたし、それを狙った。お金になるしね。冬になるとナマコを獲りました。春はワカメを刈るという漁の繰り返しでした。ワカメ刈りのときは、大きなワカメ専用の桶があってね。志摩ではどこでもそうだったと思いますけど、嫁入り道具は大小いくつかの磯桶だ、と言われたですよ。新しいのを作ってね。それにしても、体を休める暇なんかなかったですよ」

このように話す恵美子さんの話に、勲子さんが続ける。

「休む暇なしだった。夏磯が九月中旬に終わると、冬のナマコ獲りまでの期間、秋仕《あきし》と言って、稲刈りの仕事に雇われて行きましたよ。四日市とか、愛知県の飛島村《とびしまむら》なんかでした。四日市はどこだったたか、もう忘れました。思い出もないしね」

恵美子さんも思いは同じようだ。次のように話す。

「追い廻しでしたもの。本当に夜明けから日が暮れるまでですからね。昔から言いますでしょ、朝は朝星、夜は夜星、あの言葉と同じだった。私らが刈っているでしょう。その後から追い掛けるように刈って来るんです。姉さんら前へ行ってんか、と言いましてね。ひと休みして腰を伸ばすことも出来なかった。一日中追いまくられた、というそんな出稼ぎ仕事でした。

愛知県の飛島村の農家は、行った家、どの家でもそうだったけど、家が大きくて、特に仏壇がすばらしいんですよ。立派でしたね。家が大きいから、屋敷が広い。その周りにずっと田んぼが広がっていました」

六〇年の島暮らしでも、わざと私が話す三重の言葉に誘われて、ときどき志摩の訛《なまり》が出た。

「三人か四人ぐらいの気の合った者同士が、いっしょに行きました。行った先で、働く家それぞれに別れてね。帰るとき、一日いくらで何日という勘定でした。それに旅費と家によってはちょっとお礼というか、余分にお金をくれましたね。

刈っているとき、稲の葉先が顔に当たって、それが擦《す》れてね。汗まみれで刈っているから顔に滲《し》みるの。つらい仕事でした。あとになって、もうあの家へは金輪際行くもんか、と思いましたよ」

勲子さんはこのように話してくれた。恵美子さんは次のように言う。

「三宅島へ来たのは、昭和三五（一九六〇）年でした。主人といっしょに来たんです。主人は茂男《しげお》といいます。相差のちょっと北の石鏡《いじか》の生まれです。結婚して相差で暮らしておりました。でも、二人で海女漁をする夫婦船《めおとぶね》ではなかったんです。主人は前志摩《さきしま》の船越《ふなこし》にある建設会社の社員でした。夫婦で海女漁をするのは、三宅島へ来てからです。

相差はテングサはあまり採れなかったですね。伊勢湾台風のあとだったと思いますが、三宅島の漁協の、たしか湯の浜の組合だったと思うんですが、井上さんという組合長が、相差へやって来て、三宅島でテングサ採りをしてほしい、と頼まれました。正文さんという方でしたね。もう亡くなりましたけどね。

それならと言って、私たちは夫婦でこちらへやって来て、三宅島の人に雇われてテングサを採りました。相差で生まれた長男もいっしょでした。ほか、八人ほどの海女がいました。

だから主人が船頭をしたのは、三宅島へ来てからですよ。ほかの海女さんたちも同じ船に乗り合わせて仕事をしました。初めのころはテングサがよく採れてね。とにかくどこへ潜って行っても、海の底一面にびっしりとテングサが生えていました。どこでもいい、頭突っ込んで行けばテングサ採れたんですからね。宝の海だったですね。いい日には一日一〇〇キロは採ったでしょう。若かったしね。働きましたよ。

それでも、海女の手取り分はそれほどでもなかった、と思いますよ。何しろ、最初に船主が取り、次が機関長、そして船頭でしょう。陸《おか》へ揚げてそれを干す作業員の手間賃、それらを払ったあとの残りを、私ら海女で分けるわけだから、思うほどには身入りはなかった。でも働き次第、精次第だったから楽しみもあった。飛島村の稲刈りの仕事よりは、働き甲斐があったというか、仕事に誇りを持てましたね」

勲子さんは三宅島へ来た初めのころのことや、今になってみれば、島は住めば都で天国だ、といったことを話す。

「皆、若かったですよ。私らは結婚する前ですからね。七、八人で誘い合わすような気持ちでやって来ました。組合が用意してくれた宿舎というか、離れの一軒屋に三人ぐらいが共同生活をしたんです。朝ご飯なんかの用意は交替でやってね。島にも大勢若い男の人もいたしね。どこへ遊びに行くということもできないでしょう。いつとなく島の若い人たちが訪ねてくれるようになってね。気心が合うというか、男女の仲は遠いようで近い。でもね、決してみだらなということではなかった。私はもう六年ほど前に主人をなくしています。

離島は不便だと言ってしまえばそれまでだけど、昔からの言葉通り、住めば都ですよ。二〇〇〇年の噴火で島を離れて、北区の桐ヶ丘という所の団地に四年半いたけど、また三宅島恋しい、と帰りましたからね」

「宝の海だったのが噴火でね、一気に磯が枯れて、すっからかんになってしまったの。今、やっと回復して来たと言っているらしいけど、私らが志摩から渡って来て潜ったころの磯とは、すっかり変わってしまいましたからね。今は男の人、それも僅かの人がテングサを採っているだけですよ。

昭和三五年から四八(一九七三)年まで海女漁でテングサを採ったけど、それも年を追って減って来ていましたしね。ちょうど離島ブームがあって、民宿をする人が増えた。われもわれもといった感じで、私らも民宿ブームの中で、それを始めたんです。でも民宿も続かず、今は止めています」

このように話す恵美子さん。勲子さんも同じ思いだ。

「北区の赤羽の近くでしたけど、住む所はすぐあてがってもらえました。壊す予定のマンションだったけどね。初めは長くても二、三カ月で帰れるだろうと、安気《あんき》に考えていたんだけど、それが何と四年半でしょう。

恵美子さんとは家が近くだから心強い。年をとって来ますとね、私なんか独居老人ですからね。それでも以前は婦人会の活動なんか、率先していろいろ活動しました。島民になりきって、どんなことにも参加しました。でもね、老人会の集まりなんかのときにね、なにかちょっとした拍子に、三重の仲間、と言われるんですよ。私たち、とっくに島の者と思っていますのにね。どこかちょっと違う、というか、区別されてるな、と感じるときがあってね。年寄り仲間がいっしょになっても、私たちは島の学校出ていないから、その人たちと共通の思い出がない。あの校長先生はどうだった、といった同じ話題がないから、仕方ないと思うけど、微妙な差があってね。うまく言えないけど、あれっと感じることがありますよ」

勲子さんのこの思いを受けて、恵美子さんが話を継いだ。

「働いて働いてね、私なんかどれだけ村へ税金を払ったか。そう思うとね。その区別がちょっと引っかかるときもあるけど、それは仕方のないことでね。どこで生まれるか、これは自分では決められないからね。私らが死んで次の代になったら、そんな区別はなくなるだろうから。島の静かな暮らし、やはりここが一番、そう思わないとね。

三宅島には、志摩から海女仕事に来て、島の人と結婚して、今も元気でいる人は一〇人、いや、一二、三人はいるんじゃないかな。この神着にその半分、六人は元気で暮らしていますからね。石鏡、国崎《くざき》、相差出身の海女が、それぞれ二人ずついます。

私らが来る前には、千葉の白浜の海女が何人か来ていた、と聞いたことがあるけど、どうして三重の海女に変わったのか、それは知らない。志摩からはしばらく続いたようだけど、だんだん来なくなってね。あちらの景気がよくなって、特に相差は民宿が増えて、観光地になったから、遠くまで働きに来なくてもよくなったんでしょう」

生まれ在所の相差には、あの人が今も海女で海へ行っている、私の生まれた家の隣の人はもう九〇歳近いと思うけど。海女のリーダー役らしい、といった噂話で時が過ぎた。二人が話すことは、すべて私も知っていることで、間違いのない話題であった。

二人が帰る自動車に便乗して、里中さんの住まいの少し先まで走ってもらった。噴火の灰によって樹木が立ち枯れしている山を見たいと思ったからである。そこは三宅島のシンボルといってよい雄山のゆるい裾野である。すっかり葉が落ちた真っ白い幹だけになった木が林立している。白骨の林というべきか。やっと下生えの雑木が回復したのだ、と椎取沢《しいとりざわ》橋の上に立って、恵美子さんが話してくれた。

里中さん一家の住宅は、釜の尻川のそばに建つ。玄関で茂男さんに会って挨拶した。庭に立つその人は、すらりとした姿勢の矍鑠《かくしゃく》たる老人である。川に架かる釜の尻橋の上で立ち話をした。あの山から一気にどっと泥流が押し寄せて来ました、と谷になった裾野を指す。

2000年の噴火で枯れた裾野の風景。神着で

自宅を背に、噴火当時のことなどを話す
里中茂男さん。釜の尻橋の上で

「釜の尻川の川岸にずっと鉄の柵が取り付けてあってね、その柵に上から流れて来た雑木の枝なんかがつまって、それが壁になってしまった。山からの泥は川へ流れず、全部、家の中へ流れ込んでね、床上、五〇センチぐらいまで、びっしりですよ。鉄筋の家だから柱は助かったけど、床もたたみもすべて腐っていました。四年半そのままだっ

たからね。帰って来て、私ら二人でスコップで泥掻き出したんです。大変だった。こんな所だから手伝いもないしね。屋根葺き替えるやら、何だかんだで約一〇〇〇万円はかかりました。まあ、少しは見舞金ももらったけど、それぐらいでは鉄砲も届かんというわけでね、苦労でした。もうこの年になると志摩の生まれ在所へ行くことも減ったしね。石鏡や相差はもちろんのこと、建設業で走りまわった波切《なきり》や船越、和具《わぐ》といった、志摩の地名がテレビに出たりすると、懐かしくてね。

女の仲間たちは、年に一回ぐらい、三重から来た者同士が寄るんだけど、そのときは、もうあっちの言葉丸出しでね。言葉で繋がっているのかな、不思議なものです。親がなくなり、きょうだいも一人欠け、二人減りしますと、お互いつきあいも遠のきますからね。西の方には熊野灘があって、海はひと続きでも、年とった者にはやはり遠いですよ」

目の前の磯に、秋の波が立っている。近づいて行って黒々とした海岸を写した。私は釜の尻のバス停を、一一時四六分に通る村営バスに乗ろうとしている。

「お互い病気せず長生きしましょうや」

これが別れの言葉であった。

錆《さび》ヶ《が》浜《はま》から郷土資料館へ

村営バスに乗るのには、運転手に行く先を言って、料金を払う。そのとき乗客は、私一人であった。錆ヶ浜港入口と行き先を告げた。都会のバスと違いましてね、と運転手の言葉は、済みませんね、といった少し詫びるような感じであった。鋳ヶ浜港までの途中には、たくさんの停留所がある。所によっては下り坂を走り、港まで行ってまた折り返すといった繰り返しがあり、一時間近くかかって、竹芝桟橋行きの大型旅客船が出る波止場についた。一二時四〇分ごろであった。波止場は午後一時三五分に出る大型船の乗客で賑わっていた。若い人が多い。ダイビングを楽しんで帰る人たちだろうか。しかし、一日一便だから船が出たあとの波止場はひっそりとしたものである。

建物の中にある観光協会を訪ねた。磯谷泰斗《いそがややすと》さんという若い職員と会う約束ができていた。訪ねたのが少し早かったためか、その人は、これから会議がありまして、と詫びる。夕方もう一度お会いできれば、宿までお送りしますから、郷土資料館をご覧になられたらどうでしょう、ここから歩いて一〇分ぐらいです。さわやかな青年がこのように言う。名刺を貰って事務所を出た。バスで来た道を引き返す。歩くのである。その前に港のぐるりを見て廻った。

お魚売場などがあるが、連絡船が出てしまったあとは、ひっそりとしている。これという店も少ない、これからどれだけ活気のある島に戻るか、課題は大きいと感じた。波止場横の鋳ヶ浜漁港は広い泊地を持っている。たくさんの漁船が舫《もや》っているが、人影は全くなかった。船揚げ斜路が大きく見えた。

巨大な堤防には絵が描かれている。阿古《あこ》にある富賀《とが》神社の祭礼の御輿を、三宅島の五つの地区の若者が担ぐ様子を、島の学校の先生が描いた。穴原甲一郎《あなはらこういちろう》という絵を教えた先生、静岡県磐田市の人と聞いた。

祭礼は二年に一回である。六日間かけて行われる。初日は宮出しといって、神社から御輿《みこし》が出る。翌日が阿古である。神輿は一日、阿古地区を廻る。次の日、御輿は伊ヶ谷《いがや》地区へ、続いて伊豆地区、神着地区から最後坪田地区へ渡される。時計廻りである。お祭り気分で酒も入るだろう。いわば喧嘩御輿だ。次の地区へ渡すとき、ときには衝突があったりするらしい。担いでいる連中はそのときの威勢でもう少し練りたいと、次へ渡そうとしない。それを次の地区の連中は早くよこせ、と急き立てる。このようにしてぐるりと廻り、祭礼は一週間かかって終わる。

コンクリートブロックが山積みされている。二〇〇〇（平成一二）年の噴火で、全住民が島を離れ、約四年半ののち帰島している。すでに一二年以上を経過したが、島再生はまだ緒についたばかりといった感じだ。一夜泊まりの旅の者の管見にすぎぬが、伊豆諸島のほかのいくつかの島に比べ、今一つ核がない、という感を受けた。火山の裾野をぐるりと走る道の両側に、思い思いに人家が建つ、そんな感じのする島、と独り合点しながら、ゆるい坂道を歩いて行く。道を抜ける秋の島風が心地好い。三つ目の停留所が阿古、そこを北へ折れる道路を行けば、資料館はすぐであった。

三宅島郷土資料館は、旧阿古小学校を改修して、平成二〇年四月にオープンしている。建物の中央が多目的ホールで、二階まで吹き抜けになっている。一階の小中学校のメモリアルルームが良かった。ご多分にもれず、三宅島も三宅、阿古、坪田の小中学校が統合した。元の教室の一部を三校の展示室としている。黒板はそのまま取りはずされずに残っている。ある展示室の隅には 潜水服が吊るされていた。堤防で見た富賀神社の祭礼の絵の原画もある。

「最後の年は三校いっしょでしたから、本谷さんという校長が三校を持ちましてね。だからどの部屋にも最後の校長として、本谷さんの顔写真が掲げてありますよ。最後の卒業式のときは、三つの校歌を順次歌いました」

その日の管理員の話だ。シルバー人材派遣センターに所属して、資料館の仕事をしていると、間わず語りに言う。壁にはそれぞれ三校の校歌が書かれている。坪田小中学校は作詞サトウ・ハチローとあった。

「島の最盛期のころは、人口八〇〇〇人、間もなく一万人になるから、そうなれば町になるだろうと、島民は期待していたらしいですよ。それが噴火でしょう。年々人口は減っていたから、そのとき、避難した人が約四〇〇〇人、四年半ののち帰島したのが三〇〇〇人、それからも減って、今、二五五〇人ぐらいですかね。

噴火は昭和三七（一九六二）年、五八（一九八三）年、そして平成一二年、これが二〇〇〇年噴火といわれる大規模なものでね。だいたい二〇年周期でやって来ています。今年は二〇一七年だから、あと三年で早くも二〇年、もうそろそろじゃないかなんて、冗談交じりに言う人がいますよ。島の人は、死ぬまでに三回は噴火に遭う、と言っているらしくてね。長生きする時代になったから、もう一回体験するんじゃないか、大げさなと笑えない話です。私が島へ来たとき、場所によっては、まだ火山特有の硫黄の臭いがしてましたからね」

管理員は話好きなのだろう。お茶をどうぞと勧めてくれた。島の出身かと尋ねたら、そうではない、と答える。

「島が好きで、島に住みたいと、瀬戸内海のあちこちの島も見に行ったんですがね。やはり、住むなら三宅島がいちばんいいと分かってね。島へ来て一〇年です。島が好きだから、週末の休日になれば、前日の夜には竹芝から出る船に乗っていました」

人口二五〇〇人余りの島にも全国から人が来て暮らしているのだ。三重からの海女や漁師だけではない。観光協会で会った若い職員は、静岡市から新天地を求めて、三宅島へ来て五年になるという。空港へ迎えに来てくれた、きょうの宿の主人は埼玉から来て二〇年になるとのことであった。これが人の縁というものであろうか。

島役所から大久保、そしてヘリポートへ

宿は三ノ輪という停留所近くから海岸側へしばらく入った、雑木林の中に建つ静かな一軒家であった。翌日も晴れた。さわやかな秋の朝である。

大島へ飛ぶヘリコプター*に乗る前に、三宅島役所を見たいと思い、そこまで宿の主人に自動車を走らせてもらった。見学したあとは、ヘリポートまで歩く算段である。車を降りるとき、大分道のりがあるから気をつけて行って下さい、と運転する人は声を掛けて、走り去った。

「旧島役所跡」と観光ガイドには記されている。手にしている案内パンフレットには、「江戸時代に建造された伊豆諸島最大を誇る木造建築」とある。茅葺《かやぶ》きの大屋根が見事だ。堂々としている。道路脇に立てられた案内板には詳しい説明があった。

建坪四六坪とある。三・三を掛けておよそ一五一平方メートル、と暗算した。建物の材はすべてシイの木、鉋《かんな》を使わずすべて手斧《ちょうな》で荒削りされただけだ。近づいて部屋の中を覗いたら、向こうに人の住む気配がする。別の案内記を見たら、住居として使用中のため内部は非公開、と書かれていた。

建物の棟札はないが、建築様式から江戸時代後期と推定されている。中は三宅島の古い建物の基本的な間取りで、土間の臼庭、床上部は中の間、座敷、帳台の三室形式で島の役人の家格に応じた

間取りがされている。非公開で中へは入れないから、これは資料からの引き写しだ。それにしてもどっしりと構えた建物である。すばらしいと息を呑む、というのは、こんなときの感動のことだ。

　誇りにすべき島の宝物はもう一つある。島役所を守るように亭々と立つ、ビャクシンの大樹だ。神着のビャクシンは幹の周りは約七メートル、樹高は二六メートルを超えようか。幹は高さ二メートルほどの位置で二裂に分かれている。東京都では最大のビャクシンである。

　ビャクシンは漢字では柏槙と書く。三宅島神着の大樹は樹齢四七〇年以上と説明されている。私の小型の『牧野植物図鑑』では、ビャクシンでは出て来ない。ままよと思い、漢語辞典で「柏」を引く。「柏槙」はいぶきの一品種とあった。こんどは、「いぶき」を『広辞苑』で引いてみる。ヒノキ科の常緑高木、とあり、イブキビャクシンと説明の終わりに書かれていた。

向かい合うようにして立つ島の宝物二つ、
島役所とビャクシンの大樹

　これらのことは、三宅島を歩く旅から帰って調べたことで、横道にそれている。ついでにもう一つ横道にそれる。神着の大樹の下に佇《た》って、ふと思い出したのが、かつて、幸田文《こうだあや》が丸善の月刊誌『學鐙《がくとう》』に連載した、「木」と題する随筆風の連載ものの中の、「ひのき」である。作家幸田文は次のように書く。

　――大樹は大きく丈高くて、おのずから威厳はあったが、それですら親しみやすい柔和を示していた。

さらにもう一つ引く。

――人にそれぞれの履歴書があるように、木にもそれがある。木はめいめい、そのからだにしるして、履歴をみせている。年齢はいくつか。順調に、うれいなく今日まできたのか。それとも苦労をしのいできたのか。幸福なら、幸福であり得たわけがある筈だし、苦労があったのなら、何歳のとき、何度の、どんな種類の障害に逢ったのか、そういうことはみな木自身のからだに書かれているし、また、その木の周辺の事情が裏書きしている。

何と神着の銘木ビャクシンの姿そのものを言い表しているではないか。木は、島役所を守るかのように四八〇年を超す年月を閲《けみ》して来たのだ。四八〇年にわたる履歴を幹の肌、太い枝に書き記しているように、感銘を受けたのである。

木に祈るような思いで、島役所の庭を辞した。二日目もまた歩くのである。大久保の集落をめざす。広い屋敷の裏手の道を行く。しばらく歩くと広いが急な下り坂となった。転げるような足の運びで歩を進めた。途中の道のきわには背の高いアザミが花をつけていた。

海が見えた。下りきった所から道は左に伸びている。長い渚が正面にある。大久保浜である。汀長二キロにもわたる三宅島で最も長い海岸だ。環境省の「優良水質ビーチ一〇選」に選ばれている。しかし、道路にも砂浜にも人影はなかった。長い渚のずっと先に、斜めに架かる橋が望まれた。あ

富士見橋の真下にある大久保漁港

の橋を登って行くのである。

　大久保の集落は、背後に垂直のような高い崖で守られている。ここまで来て、やっと漁村らしい風景を目にすることができた。狭い村中の道を歩く。沈黙の漁村である。橋を渡る。橋は富士見橋、ここから富士山が見えるのだろう。渡りきった橋の下に、大久保の漁港があった。こぢんまりした港だ。一〇隻ほどの漁船が、斜路に引き揚げられている。

　橋を過ぎても坂道はまだ続く。前方にヘリコプター基地への道しるべが見えた。飛ぶ時刻より大分早く着いた。駐車場のコンクリートの車寄せに尻を下ろして、体中の汗を拭いた。

　事務所の戸が開いた。川口さんですか、お待たせしました、中に入って休んで下さい、と若い職員が言う。私を川口だとよく分かりましたね、と訊《き》くと、きょうのお客さんは、あなた一人ですので、と笑った。

八丈からのヘリコプターは二〇分遅れて到着した。風はない。八丈からの一人の乗客と私とを乗せて、ヘリコプターは飛び上がった。地上で職員が黄色い制服を着て、機体を見送っている。飛翔してすぐ、眼下に大久保のひとかたまりの家々の屋根が見下ろされた。歩いて歩いて二日で三万歩。これで私の三宅島二日の旅は終わった。

（二〇一七・一〇・一／『しま』№252、二〇一八・一）

＊現在、ヘリコプターの発着には、三宅島空港が使われている。

【参考資料】
一般社団法人三宅島観光協会発行の各種パンフレット
東京都教育庁発行の絵はがき
『島々の日本』公益財団法人日本離島センター発行
『幸田文全集』第十九巻　岩波書店刊

三河湾の小島を訪ねて
——日間賀島讃歌

島の古老の話

「私は昭和七（一九三二）年一月生まれだから、学校はあなたの一学年上です。宮地弥《みやじわたる》といいます。弥の字は久しきに弥る、という言葉もあるが、わたると読んでくれる人は少ない。親はそんな名前をつけてくれてね。この島で生まれました。旧制中学の入学が昭和一九（一九四四）年四月、愛知県立第七中学校、半田にありました。

家から通えないから、学生寮に入ってね。戦争がすんで学校の制度が変わり、五年生になったとき、新制高校ができた。二年生だったけど、八人兄弟で私が長男でね。家も大変だから帰って来い、このおやじのひと言でね、高校の方は中退ですよ。でも卒業生の名簿には載せて貰っていますがね。この島で漁師をやりました。何をすれば儲かるかといろいろやったね。三六歳から漁協の役員をずっとやったですよ」

古くから筆者とつきあいのある宮地正祥《まさよし》さんから、島の古老から話を聴いてみたら、と勧められ三河湾に渡った。春浅い二月初め、伊勢湾を横切り、伊良湖《いらこ》で船を乗り継いで、昼前に日間賀《ひまか》西港の桟橋に降りた。宮地さんと清水光人《しみずみつひと》さんが迎えてくれた。清水さんも島の漁師で、以前に何度か

斬新なデザインの漁協事務所を
背にして立つ宮地弥さん

日間賀島東里の海岸で
話す宮地正祥さん

毎日の仕事場である三河湾を
うしろにして立つ清水光人さん

会った人である。正祥さんが私の所でやろう、と段取りをつけてくれていた。大きなテーブルを挟んで弥さんの話を聴いた。

「いろいろなこととやったけどね。昭和三〇（一九五五）年ごろだったと記憶しますが、この島の沖で、ボラがよく獲れたですよ。ボラは今はあまり人気のある魚とは言えないけど、当時はいい値がしたな。次がキスの刺網、キスがよく獲れた。日間賀で二〇隻ぐらいがやってね。キスの刺網組合を作って、許可を取りました。そのあと、こんどはアマダイだ。アマダイの網をやりました。北陸の三国《みくに》へ行って、やり方を聞いて来てね。静岡県近くの東の方へ行ってね。あちらは手付かずだったからよく獲れて、儲かったですよ。燃油も安かったし、舞阪《まいさか》で泊まって仕事しました。あそこなら一時間ぐらいで漁場まで行けたからね。島から舞阪まで五時間かかっていては商売にならんと、五〇馬力の船を造ったですよ。シラス底引きの船が大体六ノットだったのに、一四ノットの船造ったから、倍以上の速力があったわけだ。当時の金額で、ひと網五万円ぐらいは稼げたからね。考えてみると、儲かる仕事を次々と追っていたんだね。どれをやってもそのころは儲かったですよ。それだけ海が豊かだったんだね。

昭和四三、四四（一九六八～六九）年とワカメ養殖をやりました。儲かるだろうとやったんだけど、これは干すのに手間がかかってね。思ったほどの利益は上がらなかったから、それなら、とこんどはクロノリ養殖だ。これもあまり儲からなかったな。機械設備に金がかかってね。私、弟、それに妹の旦那と三人でやった。島では早い方だったですよ。以降、次々と島のほとんどの人がノリ養殖をやった。一番多いときには一二〇軒ぐらいあったからね。当時、島は水がなくてね。昭和三六（一九六一）年にやっと給水、師崎《もろざき》から七五ミリの給水管で水が来たんだけど、初めのうちは、一日の給水が四五〇トン、ノリを洗うと断水になってね。一斉にやると水が切れるから、交替でやった。水を使うのを交替でしました。一日交替でやっても、風があったりして作業が出来ない人がいたり、高い所の人が断水だ、何とかしてくれ、と私の所へやって来る。組合の役員をしていたからね。自分らの仕事が手につかないほどだったですよ。

水が少ないから潮水を混ぜて洗った家もあったらしいんだね。日間賀のノリは塩辛い、という噂が出るやらね。潮水の混ざった水で洗ったノリは、火に焙《あぶ》ると分かるんだね、色が違うもの。とにかく水には苦労しました。四八年ごろには止めようという家が出て来ました。上手下手はあったけど、儲けも少ないし、一軒減り、二軒減りして、今は東と西の両地区合わせても八軒ぐらいですよ。

日間賀島は昔から東里と西里の二つの地区があってね。漁協もそれぞれにあったんだけど、四四年に合併して一組合になった。そのころ、四五年ごろから民宿が増えて来てね。一番多いときは七七軒あったですよ。改築やら何やらと民宿をやるには金が要る。漁協はそこへも融資してね。だから、信用部も黒字だった。

平成元（一九八九）年にはフグが獲れてね。一気に海中に湧《わ》き出した、と言ってもいいような豊漁でした。その年は西の方が全く獲れんでね。日間賀の漁師が獲ったフグは、すべて下関の南風泊《はえどまり》の市場へ持って行ったですよ。日間賀で四三隻、志摩の安乗《あのり》が三〇隻、舞阪に八隻ぐらいだったでしょう。次の年も漁はあったんだけど、船が増えてね。愛知四〇〇隻、三重と静岡がそれぞれ五〇〇隻と急に増えたもんだから、あとはさっぱり駄目ですよ。だけど獲れた年は、半年で平均一九〇〇万円からの稼ぎがあったからね。みんながフグバブルと言ったもんだ。今、思えば夢のような話でね、宝の海だったんだね。

長い間、漁協の経営に首突っ込んでいたから、いろいろなことがあってね。いつか、島の漁師が鳥羽の小浜《おはま》の漁場でアナゴの密漁をやって、鳥羽の海上保安部につかまったことがあった。私、保安部へお詫びに行ったですよ。こんなこと初めてじゃないから、保安部とは懇意だったからね、行ったら、すぐ小浜の漁協へ顔出しして話をつけよ、と言われ、すぐ組合長訪ねて行きましたよ。組合では、もうやらないという念書を書けと言われた。いろいろお互い話し合いをして、迷惑のかからないように指導するから、ということで了解して貰って一件落着。話の分かる組合長だったですよ。

平成五（一九九三）年から二期六年組合長をしました。その年、漁協の事務所を改築しました。工事費三億二〇〇〇万円でね。沿岸漁業構造改善事業という、水産庁のメニューに乗ってやった。補助金一億五〇〇〇万円を当てにしていたところが、時の内閣の方針で補助金は出さぬと言う。困ったと思案しながら、何とかこぎ着けて八〇〇〇万円を貰うことができた。三階を健康増進施設という形にして、やっと実現しました。一階二階は補助の対象ではない、というわけでね。政治というのは面白いね。いろいろ経験しました。

この時勢だ、漁師も減っていますよ。漁船も少なくなっている。でも、今、四五〇隻ぐらいはあるからね。単独の漁協で十分やって行けると思っています。ただ、伊勢湾が衰弱しきっているからね。三河湾もしかり、とにかく栄養塩のあるいい水が流れ込まない。長良川といい、矢作川といい河口堰《ぜき》でがっちり、水の流れを止めてしまったからね。人間で言えば首落とされたようなもんだ。

それでも日間賀島は観光客の入り込みがあって、一年中活気にあふれた島だ、と自慢できますよ。観光施設があるおかげで、女の人の働く場も多い。島の漁師が獲って来た魚介類をお客さんに提供できる。小さな島といえどここは宝の島、三河湾の宝船だ、と言っていいと思いますよ」

宮地弥さんの日間賀島今昔話を聴いたあと、しばらく雑談した。正祥さんは次男坊が後を継いで、親子いっしょに底引網でマダイを追っている、と話す。漁協の理事でもある清水さんは、去年、漁業法が改正されたことに触れる。

「漁業法が改正され、二年以内に施行されることになっているらしい。分からんことも多いし、私らもっと勉強せにゃならん、と言っとるんだけど、組合がどこまで頑張れるかですよ。漁業許可の免許を出すのは、知事だし、その人のお気に入りの企業に免許を出すというようなことになれば、これこそ、何でもあり、ということにはならんのかな」

素朴な疑問をここでも聞いた。清水光人さんは、冬は素潜りでナマコを獲っている。

宮地弥さんに会う前、呑海院《どんかいいん》を訪ねた。正祥さんの案内で石段を登った。寺は住職がいない。木立の中に清楚な瓦の屋根を見た。庭に立派な石碑がある。「大高源吾《おおたかげんご》臍緒墓碑」と彫られた、珍しい一基が潮風の中に建つ。大高源吾はこの島の出身といわれ、赤穂四十七士のひとりである。寺にへその緒が残されていることから、この碑が建てられた。

碑の文面を要約すると、源吾が江戸に向かう途中、天龍川で赤穂浅野の行列に会う。そのとき、突風が襲い陣笠が吹き飛ばされた。源吾は素早く拾って来て、一行に渡した。これを機縁に足軽の一員に加えられた。このようなことが彫られ、最後、文武の道に秀で遂に名を成した、の一文で碑

小高い繁みの中で潮風を受けて静まる呑海院

赤穂浪士のひとり大高源吾ゆかりの碑が呑海院の庭に建つ。源吾のへその緒がこの寺にあることを示す

文は終わっている。

赤穂浪士大高源吾は、討入りの前日、俳句の師である宝井其角《たからいきかく》に暇乞いをする。源吾は其角の「年の瀬や水の流れと人の身は」の発句に対して、「あした待たるるその宝船」と付けて去る。そして翌日、めでたく本懐を遂げたことを知らせに来る、という忠臣蔵外伝の芝居の一つが『土屋《つちや》主税《ちから》』だ。芝居のテーマは、賢人同士はお互いの心を知るものである、ということであろうが、ほろりとさせられる一幕である。

相手の心をおしはからない人の世が現世で、少数意見がないがしろにされているのが、昨今の政治の世界。昨秋の臨時国会で、漁業法が改正され成立したが、関係者である漁業者が知らぬ間に、というのが偽らざる浦浜の人びとの気持ちではないか。

沿岸漁業の調整役である漁協に漁業権を優先的に与える規定を廃止した。このことは、漁業者の主《あるじ》というべき漁協の首を切った、ということである。忠臣蔵の吉良の首とは大違い、日本の食糧問題に関わってくる大問題と考えるが、これが杞憂、つまり、とりこし苦労でなければよいが。だまし討ちに遭った、と気がつくべきだ。

出稼ぎのこと、オオアサリを獲る話

清水光人さんと最初に出会ったのは、いつだったか。思い出せないほど年月がたっていた。日間賀島であったのか、鳥羽市にある海の博物館での集まりのときであったのか。まさに漁師の風貌でがっちりした体つきは、今も変わらない。素朴なという言葉がぴったりである。宮地弥さんの話の間に、清水さんへ話題を振って、幾つかの話を聴いた。

「私ら小学生のころはまだ島は今のように活気があったわけではなく、貧しかったからね。島の男たち、みんな漁のないときなんか、出稼ぎに行ったですよ。うちの親父なんかも行った。どこか知らなかったけど、一度、バーベルを土産に持って来てくれたのを覚えていますよ。小学校三年のころ、昭和四四年ごろだったかな。買ったのか貰ったのか、分らんかったけどね。有松《ありまつ》絞りの内職を女の人のほとんどがやったですよ。嫁入り道具もみんな自分で稼いだ金で用意したと聞いたな」

横の宮地正祥さんが次のように続ける。

「稼ぎの少ない男の人の家では、女の人が飯食わせた、と言っていたからね。畑のある家はかえって現金収入が少ない。うちは百姓仕事があって、おふくろなんか年中、畑仕事に追われていたから、畑があるばっかりに、うちは年中貧乏暮らしだ、とよく言ったですよ。女の人が三人もあったら、絞りの手内職の工賃で一家の暮らしができた、と言われたからね」

「それがね、中国や韓国へ仕事を出すようになって、こちらへは廻って来なくなった。あちらの方が賃金が安かったのだろうね」

このように話を継ぐのは、宮地弥さんである。出稼ぎのことでは次のように補足してくれた。

「男は大勢が出稼ぎに行ったね。鋳物《いもの》工場が多かった。常滑《とこなめ》に工場があって、そこへ大勢が行ったし、ほか、敷島パンの工場へも雇われて行ったですよ。日雇いから本採用になって、そこに定着した次男坊、三男坊は大勢いたですよ。島が貧しかったからだろうね。それが昭和四〇年代に入ると急に観光の面でも知られるようになってね。今は随分賑やかだ」

次は清水さんの話。

「漁船は今どれぐらいあるだろうか。組合員が四五〇人とすれば、少なくとも一隻ずつあって四五〇隻でしょう。それにベカ舟といって、一トンから〇・七トンぐらいの小型船も持っているし、これも漁船登録しますから、五〇〇隻は優にあると思いますよ。島の周りは磯が多いし、シラスを獲る漁師も、その仕事のないときは、磯へ行くから小さな船持っていて、貝を獲りますね。シラスというのは、カタクチイワシの稚魚のことだね。

私はオオアサリを獲っています。この貝、学名はウチムラサキ、アサリをうんと大きくしたような貝で、ハマグリに似て厚く丸みのある長方形で、殻の表面は灰白色かまたは淡い褐色、成長すると貝のうち側が紫色になります。ウチムラサキの名はここから来ている。三河湾の名産品のひとつと言えるのかな。

素潜りで獲っています。ウエットスーツを着て潜って行って、手でさぐって摑んで獲るというやり方ですよ。ひと潜り一分と言われているけど、私なんか、四〇秒ぐらいでしょう。深い所では三〇メートルほどのところもあります。ここではアクアラングを付けて潜ることは禁止、ホースを使って砂を散らして獲ることもだめ。体ひとつが頼りの仕事ですよ。

日間賀島は一月から三月いっぱいは、オオアサリ漁は禁漁で、四月一日から解禁、口開けです。私は一日三〇キロぐらい獲りますが、多い日で五〇キロだね。一日三万円ほどの稼ぎですよ。朝七時から午後二時まで。二時半には市場へ出さんといかんからね。獲った貝は海中に重りをつけて吊るしておいた網に入れて、それを引き揚げるという方法です。

大きいものだと三個で一キロはあるけど、一番いい大きさは、一キロで六つか七つのものかな。小さいのはもちろん獲らない。

足の甲ぐらいの深さまで、手で探って獲るんだけど、以前は大集団で七つ八つも固まっていた。でも、今はそんな幸運に巡り合うことはめったにない。少なくなったから、一個ずつですよ。最近の相場はキロ当たり一〇〇〇円ぐらい」

普通、オオアサリの名で知られるが、ウチムラサキが本来の名。マルスダレガイ科の二枚貝で、日本の沿岸各地に分布する。内湾から水深四〇メートルぐらいまでの浅海に生息し、小石混りの砂泥の海底にいる。名の通り、殻長《かくちょう》は八センチから九センチはある。貝の身はおいしい。鳥羽や三河湾あたりの観光地では、そのまま焼き、店先で香ばしい貝の匂いを漂わせて、客を呼んでいる。

「オオアサリも私ら若いころはキロ当たり三五円ぐらいだった。何もかも値上がりだけど、命がけで獲って来るんだからね。タイラギはもう少し高かったかな」

宮地弥さんの思い出である。

「タイラギは三河湾では師崎の沖で、今も獲れていますよ」

このように清水さんは話を継いだ。値段はウチムラサキと変わらないようだが、獲れる量としてはタイラギはうんと少ないだろう。タイラギはハボウキガイ科の二枚貝。房総半島以南の海岸で獲れる。先が尖っている長い三角形をした貝で、大きいものは殻長三〇センチにもなる。かつて有明海に面した熊本県荒尾の遠浅の海で獲れたのを見たことがあったが、それほどの大きさではなく、せいぜい二〇センチぐらいであった、と記憶する。タイラギは足糸を出して小石に付着し、殻頂を上にして立っている。大小二つの貝柱があるが、これがまたうまい。すしだねなどに珍重され、最高の海の幸といえる。以前は東京湾でも獲れたのだが、現在も生息しているだろうか。

清水光人さんに、ウチムラサキが禁漁中で採捕できない期間は、何をやっているのか、と尋ねた。

日間賀島の港に舫《もや》うシラス網漁の漁船。シラス網は
2隻で網を引き、やや小ぶりの僚船が網の中のシラスを船に移す

「今はナマコ漁ですね。それも島の周りでは、冬は禁漁で獲れないから、伊勢湾に共同漁業権の設定されていない場所があってね。そこで潜って獲ります。名古屋港の中、それから中部空港の周辺。でも、ここらでも最近は少なくなって、獲れんね。

ナマコ漁も素潜りでやるんだけど、アオナマコもアカナマコも減ったですよ。クロナマコもいたら獲ります。かえってクロナマコの方が値がいいときがありますよ。クロナマコはもっぱら中国へ輸出されるらしいでね。どれも一キロ当たり一〇〇〇円ぐらいでしょう。相場で値の変動はありますけどね。

船は小さいんだ。一トンぐらいの小型船で行きます。日間賀港から名古屋港までは一時間半、中部空港までなら六〇分ぐらいかかる。朝五時出発が普通だな。

日間賀島の漁師が大体三〇人、多い日で四〇人ぐらい。ほかに篠島《しのじま》の漁師もいるしね。あちこちから集まって来るから大勢ですよ。ウエットスーツを着てるから、体はそれほど冷えない。だから途中で体を温めることはないしね。休むのは小便するときぐらい。船によってはストーブを積んでいる人もいるけど、あぶないからね。私は使わないですよ。ナマコ漁も採貝と同じで、火曜と土曜は休みだね」

「アサリも獲れたけど、砂が少ないし、アサリの獲れる場所はみな埋め立ててしまったですよ」

このように話すのは宮地正祥さん。そこへ玄関を開けて入って来た人がいた。宮地さんが次男坊だと言う。青年はにこやかに、こんにちは、とひと言挨拶して、またどこかへ出かけたようであった。正祥さんが続けた。

「長男も漁師をしてほしかったんだけど、親の思い通りにはいかなくてね。それでも私の所なんか、今のところ後継者があるからね、いい方だと思わないとな。日間賀島は昔から、新しく漁師をする者には、お祝いといって、新品の長靴と合羽を漁協からくれる。そんなしきたりが今も続いていますよ。下の息子と二人でマダイを底引網で獲っています。伊良湖岬の沖へ出て、そこから東に取って赤羽根《あかばね》の沖あたり、遠州灘が主な漁場だな。西の方は三重県の区画だから、私らは行かない」

伊勢湾が弱ったという思いは三人とも同じで、木曽三川はもちろんのこと、矢作川すら水がせき止められた格好だ、と口を揃えて話す。それに腐ったような水を流すからだ、と島の古老は言う。水の流れが変わってしまって、日間賀島の沖まで水が来なくなった、と誰かが言った。

「伊勢湾のコウナゴは絶滅危惧種だ。操業をやめて、四年目だもんね。親がいなけりゃ、子もいない。それが現実だよ」

正祥さんのこの言葉は重い。伊勢湾銀行は今年も配当金はゼロなのだろうか。

　船着場まで車で走って貰った。途中、小さな入り江のような船溜りがあった。繋留されている船は心なしか少ないようだ。ぐるっとひと廻わりだけでは船が余って、二重、三重に繋いだ、と聞いた。シラスだけを水揚げする専用の作業場があった。今、日間賀島はシラスのおいしいのが揚がることで、それが観光客の人気のひとつになっている。ベルトコンベアーで次々と水揚げされる賑わいが、十分に想像できた。

午後３時半、入港する漁船が描く、
角度約 40 度の波（シップ・ウェーブ）が
早春の陽に美しく光る。後方は師崎

　すぐ向かいに、三階建ての漁協のビルがある。宮地弥さんはその建物を眺めて、あの三階だけが補助金の対象になってね、と笑う。味のある建物じゃないですか、と私は応じた。

　船着場は、帰りの観光客で賑わっている。三時を過ぎて空が晴れて来た。西に師崎の山が見え、空が赤く焼けている。沖から船が入港して来た。船が描く航跡が美しく陽に光る。帰りの客が一列になって高速船を待っている。一陣の春さきの風が体を襲う。大勢の客を乗せた高速船は定刻、河和《こうわ》をめざしてともづなを解いた。二月九日、午後三時四〇分の三河湾は限りなく蒼く、そして静かであった。

（二〇一九・二・九／『漁業と漁協』二〇一九年六月号）

備後灘の潮風に誘われて

――岩城島から魚島へ、そして岩城港で聴いた話

岩城島《いわぎじま》で人に会う

啓蟄《けいちつ》が間近だという三月初め、早春の潮風に誘われるように、瀬戸内海の上島町《かみじまちょう》岩城島を訪ねた。岩城島に青森県弘前市から引っ越して、二〇一八（平成三〇）年五月から住んでいる知人との縁で、島を訪ねる旅が実現したのである。

七年ほど前になろうか。弘前からの訪問客があった。拙著を何冊か読み、かつて私がリーダーとなって住民運動を展開した「合成洗剤から石けんへ」という漁民の海を守る活動の、それ以後のことなどを聴きたいということでの来訪であった。そのときは、お互いゆっくりと話し込むこともできずに別れたのであるが、二〇一八年一二月なかば、久しぶりにその人からの手紙が届いた。

先般、広島市の書店で、あなたの本が並べられているのが目についた。なつかしい思いにかられて手紙を書く。最近の海の様子はどうか、日本の漁業問題、海洋汚染についてのあなたのお考えがあったら教えてほしい、このようなことが記された文面であった。

何度かの手紙のやりとりののち、それならこの人を訪ね、瀬戸内の島々を歩こうと思い立つ。あなたのお住まいの岩城島へ行きたい、できることなら魚島《うおしま》へも渡りたいが、とこちらの希望を述べ

たら、ぜひ来て下さい、という快諾の返事が来る。寒い二月は避け三月に入ってと日程が決まった。

弘前市から岩城島へ移住した人は、小野寺満《おのでらみつる》さん。かつては神奈川県下のいくつかの高校で、物理を教えた人である。民俗学者の宮本常一《みやもとつねいち》の著作に惹かれており、この人自身も、『思想史から見る日本の歴史』（福岡市、葦書房）、『北辺警備と明治維新』（弘前市、北方新社）など、何冊かの著書を出している。一九四九（昭和二四）年生まれだ。

三月四日、因島《いんのしま》の土生《はぶ》港から出るフェリーに乗って、岩城島の長江《ながえ》港で降りた。小野寺さんが岸壁に立っていた。小野寺さんの自動車で宿まで走ってもらい、座敷に上がって久闊を叙した。

「青森の弘前から、瀬戸内海の離島とは、随分思いきったことだったんですね」

と問えば、

「青森県には一五年ほどいたんだけど、少し暖かい所がいい、変わるなら瀬戸内海がどうだろう、という気持ちがありました。たまたま古い本なんだけど、角川書店から出た中村由信《なかむらよしのぶ》という人の写真集『瀬戸内海』を手に入れました。あとがきの宮本常一の『瀬戸内海の人々』に感銘を受けましてね、それから三年計画で瀬戸内海の島々を廻ろう、と思い立ち実行しました。

まず、姫路から小豆島へ渡って、次に高松へ行って直島《なおしま》、塩飽《しわく》諸島の島のいくつか、愛媛県では松山から怒和島《ぬわじま》、中島、野忽那島《のぐつなじま》などです。次に広島県に渡って芸予《げいよ》諸島の下蒲刈島《しもかまがりじま》、上《かみ》蒲刈島、それに豊島《としま》へ行ったな。豊島では港の岸で話し込んでいる大勢の年寄りを見ました。周防《すおう》大島はもちろん、その西のほうの祝島《いわいしま》へも行きましたね。ほかに真鍋島《まなべじま》とかね」

小野寺さんの話に出る島のいくつかには、私もすでに訪ねており、真鍋島では除虫菊を栽培していた畑の中の細い坂道を越えた所の、解体した学校の古材で建てた宿に泊まったことを思い出したりした。話は続く。

「この周辺の向島《むかいしま》や因島、それに大三島《おおみしま》、大島、伯方島《はかたじま》など、三〇カ所ぐらいを廻ったかな。最後に岩城島に落ち着きました。ここに頃合いの土地がありましてね。六〇坪の面積で坪一万円だ、と言います。すぐ買い、小さな家を建てました。地価が安かったのは、火葬場の跡地だったからですよ。

岩城島へ来てまだ一年足らずだけど、いい人ばかりですね。もう二〇人ほど友達ができました。健康のためと思って、ときどきレモン畑の細い道を歩きますとね。畑で仕事をしているおばあちゃんが、レモンを枝からちぎって手渡してくれますよ」

岩城港波止場の近くに建つ
上島町合併のモニュメント

七年ぶりの二度目の邂逅《かいこう》であったが、ものを書くという共通の営為があるからだろうか、何十年来の知己のような気持ちで、歓談を続けることができた。

私たち二人は宿の主人の心づくしの料理に舌つづみを打った。鯛がありワタリガニが出された。ほか、特産の豚肉もうまい。アナゴの天ぷらも出る。乗り物をいくつか乗り継いで来た空腹の体には、すべてがご馳走でどれも胃袋にとび込んで行く。アナゴの葉形幼生であるノレソレが小鉢に盛られている。ぴりっと味付けされた細長い小魚が、ぬるりと心地よく喉《のど》をすべった。

上島町は二〇〇四年一〇月一日に、弓削《ゆげ》、生名《いきな》、岩城、魚島の四自治体が合併して誕生した町である。それぞれの島の玄関口の港近くに、四つの丸い石を組み合わせたモニュメントが建っている。

その横に次の文字が並ぶ。

太陽がみえる／星がみえる／月がみえる／海がみえる／
自然がみえる／そして人がみえる島／上島町

これらは掛け値なしの言葉だろう。上島町岩城総合支所で聞いたところ、アジア系の外国人が二〇〇人ほど在住していて、男性はほとんどが島の造船所の工員であり、女性は愛媛給食という作業場で働く人が多いらしい。

明日は魚島に渡る。瀬戸内海のど真ん中の島である。テレビの気象情報は、五日は終日晴、と報じた。

魚島へ

ずっと以前に北斗書房から出た『漁村歳時記』の中に、次のような記述を見出すことができる。

瀬戸内海では、タイ、サワラの盛漁期を魚島といっている。瀬戸内海はもともと漁業種類の多い地帯だが、もっとも華かなものは花だよりとともに、春潮に乗って来遊する桜ダイや銀青色に輝くサワラの縛網《しばりあみ》（マキ網）であろう。

港すぐの建物には絵が描かれカラフルである。高井神島で

著者の宮城《みやぎ》雄太郎《ゆうたろう》は雑誌記者として全国の漁村を歩いた人。この記述でも分かるように、俳句には「魚島」という春の季題がある。

三月五日、朝七時五二分に出る、弓削まで行く快速船に乗るため、少し早めに桟橋に立った。桟橋の上から、島の古老がワカメを刈っている。声を掛けたら、もうワカメも終わりだ、と言う。鎌で刈ったのを見せてもらったが、まだ闌《た》けておらず、褐色の葉はつややかに朝の光に輝いていた。春潮は澄みきっている。きょうも小野寺さんが同行してくれる。弓削からは、土生から来た「ニューうおしまⅡ」に乗り継ぐ。弓削港からは五〇分の船旅。客は少ない。出港してすぐ船員が手提金庫を持って、船賃の集金に来た。千円札を出す。つり銭二五〇円と郵便切手ぐらいの、小さな領収書を掌《てのひら》に載せる。しばらくして高井《たかい》神島《かみしま》へ寄港した。三〇軒ほどの小さな集落が、海上から見て船着場の左側に望まれた。

春の海は凪《な》いで波もなく、朝の光が海面を黄金色に染めている。ノリ養殖の船が、網に船を近づけて採取しているようだが、少し遠いので、それらしいと分かるだけである。魚島の北側の海は備後灘《びんごなだ》、南は燧灘《ひうちなだ》、つまり、小さな島は二つの大きな灘に挟まれている。昔から魚のたくさん獲れる島で、その名の通り、一年中豊漁に沸いた島であった。特にタイの集まる島として知られ、そのことから考えると、俳句の季題そのままの島といえる。ちょっとこじつけか、と思ったりして、広びろとした海をデッキから眺めた。

九時過ぎに港に着く。目の前に漁協の建物、狭い道を挟んで町の魚島総合支所がある。漁協の玄関先で組合長に会ったが、あいにくきょうは愛媛県庁からの来客があるので、ということで、立ち話で終わった。非常勤の組合長で、遊漁船で島へ来た釣り客の磯渡しが本業だ、と話す。それも今は息子にまかせていますよ、と付け加えながら笑った。遊漁船はほかにもあるのか、と尋ねたら、今は一隻だけ、最近は魚が釣れんからな、と話す。

隣の魚島総合支所へ入った。明るい雰囲気が満ちている。以前に電話で島の二、三の事について問い合わせたことがある、北岡《きたおか》さんに会うことができた。

「北岡和也《かずや》です。二七歳、松山の出身です」さわやかな言葉遣いが、遠来の心を和ませてくれた。

「のんびり、たっぷり、島時間」のキャッチフレーズが読める地図をもらった。

漁協で島の古老を紹介してもらったが、留守であった。玄関を開けたが、上がり框《かまち》に配達された新聞が置かれたままであった。それならと、学校を目ざす。行き合った女の人に尋ねると、ここを右手に取って行けばいいけど急な坂でね、それも石段が続くから大変だよ、と教えてくれた。教えられたように歩を進める。石垣がある。伊勢湾口の神島《かみしま》の坂道に似ていると気づいた。

もう一人の女性に会う。狭い畑に何かを植えるのか、屈んで手を動かしている。墓地がある。その先に寺があった。地図にある道福寺《どうふくじ》で、庭にイチョウの大木が寺を守るようにして立つ。葉を落とした裸木が、早春の大気の中で枝を広げていた。

石段の急な坂道が学校へ続いている。踏み込みが高いので、短足の私は息が弾んだ。校舎は大きい。静かだと思いつつ、玄関に近づいて、こんにちはと大きな声を出した。出て来た事務の女性に、学校長に面会できないか、と訊いた。しばらくして校長が出て来て、部屋へどうぞと、私たち二人をこころよく迎えてくれた。それにしても物音一つしない学校だと思いつつ、校長室の椅子に腰を下ろす。校長の田井道臣《たいみちとみ》さんが次のように話す。

「子どもが少なくなりましてね。今年度は小学生が三人、中学生が二人、計五人です。教える方は、私のほかに教頭が一人、教員が四人の計六人、それに去年の八月から、外国語指導助手という資格で、地中海のマルタ共和国の青年が一人参加して、いっしょにやっています。二〇二〇年七月までの二年契約です。きょうは子どもたちが遠足でしてね。船で松山市の東の東温《とうおん》市の劇場で上演中の『誓いのコイン』という、ミュージカルを観に行きました。私とほか二人が留守番です」

島の暮らしのきびしさがしのばれる
石積みのある坂道

学校が静かなのは、校長の話で分かった。帰りも坂道を下りるのに注意が要る。石段が続くかと思うと、途中でコンクリートだけの道に変わる。梅雨などの長雨のときは、すべって大変だろう、と同じことを二人が言う。

帰りの船は一三時に魚島の港を出る。それまでには、まだ大分時間がある。このまま手ぶらでは帰れない。そんな思いで、島の細い道を歩く。保育園がある。園児は一人だ、と聞いた。港へ出た。左手に漁協の冷凍施設の建物があり、そこの陽だまりで椅子に腰掛けている老人を見つけた。近づいて声を掛けたら、気さくに話相手になってくれた。この好機を逃がしては、と鞄からノートを取り出しメモの用意をする。小野寺さんは気をきかせてくれ、島に知り合いがいるので、そこへ行くと立ち去った。腰を下ろして名前を尋ねたら、山下英利《やましたひでとし》、昭和八（一九三三）年生まれ、と答えてくれた。

20歳で独立して漁師になった
と語る山下英利さん

「もう八五歳です。私らのころは一学年で男女合わせて三〇人はいた。戦争終わって引き揚げて来た者もいたけどね。島の人口も、一〇〇〇人余はいたですよ。今はその一〇分の一ぐらいだ。漁師をやりました。高等科を出てすぐ漁師になった。初めの三年ぐらいは他人《ひと》の船に乗せてもらって、漁の技術を習ったですよ。

私の親父《おやじ》は神戸で働いとってね、自動車の運転手でした。交通事故で死んだ。私が五つぐらいやったで、戦争が始まる前ぐらいのころでしょうな。魚島の出身やったから、母親が魚島へ子ども連れて帰って、女手一つで私らを育ててくれたんです。今のように補償金をもらえたわけでもないしね。昭和八年生まれの者は、もう一年学校におれば、新制中学の卒業ということになったが、私が働かんと食べて行かれんだからね。

それにしても魚はおったな。島の周りどこでも魚がいっぱいいてね。魚島の名の通り、魚に取り囲まれた島やった。三年ぐらい辛抱して、二〇歳《はたち》で船造って独立して漁師やった。魚が獲れたからやり甲斐もあったですよ。タイの定置網をやったんです。昔から魚島はタイの島といわれた。網を張るときは、五、六人が手伝い合ってやって、曳くときは自分一人でやる。時期は、三月半ばから六月半ばまで。よく獲れたな。ひと網で五〇〇キロは獲れた。獲った魚は、漁協へ出して、漁協が船で魚市場まで運ぶ、というやり方ですよ。出買いというのがあってね。個人の商人《あきんど》に売るやり方です。買う商人がここの魚島で受け取り、買い取った伝票を漁協に出す。それによって漁協へ口銭《こうせん》を払うわけです。以前は八業者ほどあったが、今は一軒だけだ。三日目ぐらいに出荷した魚の仕切り伝票を貰ったですよ。タイの定置網が終わると、こんどはマンガを船で曳いて、エビ、カニを獲る。島の漁師はブトエビと言っている。大きなヒラメも獲れたけど今は少ない。タコも三年ぐらい前から減ったしね。明石に負けんいいものが揚がったんです。最近は漁協も大手の回転ずしと魚の売買契約をしているしね。すべてが一気に変わった感じですよ」

こんなことを話して立ち去って行った。マンガというのは、長さ二〇センチぐらいの鉄製の歯を四〇本ほど櫛のようにつけた、農耕で使う馬鍬《まぐわ》に似た漁具のことである。その枠の先に網を付けておき、ワイヤーで海底を曳いて、エビやカニを捕獲する。

これで終わりかと思っていると、別の人が来て相手になってくれた。

「名前は能地政志《まさし》です。昭和二二（一九四七）年生まれ、戦後のベビーブームのときの生まれですよ。弓削が出身地です。魚島へ来たのは三〇年前でね。それまでは高校出たあと因島の日立造船で働きました。魚島へ来たころは魚がたくさん獲れてね。私は漁協の鮮魚の運搬専門の職員として就職したんです。初め三年ぐらいは単身で弓削から来ていたんだけど、家族を呼び寄せて、魚島の住人になったわけですよ。

午前中に漁師が沖から帰って、獲って来た魚を水揚げします。それを午後には魚島の港を出発して、尾道の魚市場まで運搬です。船は二九トン、私一人で行きました。三原市の糸崎へも運んだこともあったけど、ここは一年ぐらいだったかな。尾道まで一時間ぐらいの航海でね。魚、出荷して帰って来ると、夜中の三時、そのあと風呂に入って体を洗う。あと一杯やって、うとうととすれば、もう次の日の荷受け、運搬の仕事が待っているということでね。土曜日は休みでしたが、今の時代なら、労働基準監督署からお叱りを受けるような毎日やった。とにかく魚が獲れたからね。精いっぱい働いたですよ。

それが最近は、魚がさっぱり獲れんようになってね。島の漁師も減る一方。人によっては、三隻ぐらい船を持っとる。減らしたいけど、それには金がかかるから、みな減船に苦労していますよ。世の中、変わったな。底曳網でワタリガニ、シタビラメなんかが獲れるけど、最近は少なくなったです。ほかに、デビラがあるな。魚島

水揚げされた漁を尾道の魚市場へ
運んだという能地政志さん

港の広場に干されているデビラが春風に揺れる

の特産ですよ。きょうも漁協の前に干してあります。冬から春先まで網に入って来る。うまい魚だ」

こんなことを話してくれた。

デビラはガンゾウビラメのことである。デビラとは掌《てのひら》のこと。ヒラメの仲間だから、両眼は体の左側にある。センベイガレイの名もあるように身は薄い。

思いがけず、二人の島びとから話を聴くことができた。またとない一時間であった。僥倖《ぎょうこう》というものであろう。一二時一二分、定刻に船が着いた。下船の人の中に一人、外国人がいる。顔を合わせたので、どこの国の人か、と訊いた。

「ドイツ人です。島の中を散歩します」

と笑顔で答え、集落の中へ消えた。

一三時出航の船で帰る作業服姿の青年が立っている。島の下水道施設の改修工事に来ていた、と語る。荷物の上のデビラの干物を見せてもらった。家族への島の土産だろう。

岩城島、ふたたび

定刻一四時三分に岩城港に帰った。日はまだ高い。小野寺さんは、この機会に祥雲寺《しょううんじ》のウバメガシの古木を見て行きなさい、と島をもう一度、ぐるりと走ってくれた。ここの港でも、外国人が歩いているのを見た。あの人は中学校の英語の先生らしい、と小野寺さんは言う。

寺へ行く途中で、大きな造船所を見た。進水間近と思われるタンカーが二隻、午後の雲の間から光る春の日を浴びている。少し走って、連れ立って歩く二人の青年を追い越した。振り返って見ると、マレーシアあたりからの労働者だろうか、話をしながら島の野の道を歩いていた。

去年の七月に四日間大雨が降り続いて、島のあちこちで崖崩れがあり、大災害に見まわれた、と小野寺さんは伝える。祥雲寺の本堂を支える擁壁も大きく崩れ、補修の途中であった。本堂脇に観音堂が建つ。古いもので京都の金閣寺とほぼ同時代に建築された建物で、国の重要文化財に指定されている。貴重なものがもう一つ、それが境内に自生するウバメガシだ。樹齢は六〇〇年、舟形ウバメガシと名づけられている。本堂の横の墓石が立つ所から見ると、水平に広がった枝がきれいに刈り込まれていた。こちらは愛媛県指定の天然記念物である。

岩城島は、江戸時代松山藩の島本陣が置かれたほどの重要な島で、昔からの伝統が息づいている。多くの文化財が大切に守られ、そして今は、大勢の外国からの人びとが共生する島だ。四月になれば、島のシンボルである積善山《せきぜんさん》の三〇〇〇本を越えるサクラが、いっせいに咲き誇って見事です、と宿の女将は語った。そこかしこきちんと管理されたレモン畑もすばらしい。これは、島人が営々と働いて築いた風景であるといえる。

小野寺さんから借りて読んだ写真集『瀬戸内海』のあとがきで、宮本常一は次のように書く。

こうして自然と自然に対する人々のいとなみのおりなす綾がかもし出すいかにも人くさい風景を持つのが瀬戸内海である。人生詩の哀感に似たものがそこにある。

そしてしかも日も明るく、海もあかるく、人は精一ぱい生きているのである。

明けて三月六日、朝の船を待つ。白髪の女性が近づいてきて、私に声を掛けた。

「女の人も船を操縦しているんだけど、誰でもできるんですかね」

と訊いた。

「船の場合も免許が要りましてね。小型船舶操縦士という資格が必要なんですよ。島にお住まいの方なんですか」

このように問い返すと、

「五〇年ほど大阪にいたんだけど、年とってからは生まれ在所の岩城島が良くて、帰って来ました」

老女はこう話した。そして、四月になるとあの山の三〇〇〇本のサクラが満開になって、それはきれいだ、と泊まった宿の女将と同じようなことを告げた。

宿の二階へ上がる階段の柱に、楠本憲吉《くすもとけんきち》が詠んだ、旅の山茶花《さざんか》三日遊べば三日散る、という俳句の短冊が掛けてあった。憲吉は大阪の人、五〇年ほど前、岩城島へ来て宿に書き置いて帰ったのである。春なら、旅の桜三日遊べは三日散る、となるかと思いつき、陽春の中空に舞う桜花びら、桜吹雪に思いを馳せた。

そのうちに乗客が集まって来た。一列に行儀よく列をつくって、快速船の到着を待つ。人の列は、三日間の小さな旅の者にとっては、島人がつくる朝のさわやかな暮らしの風景として、鮮やかに記憶されている。

（二〇一九・三・六／『しま』No.258、二〇一九・六）

【参考資料】
『ガイドブック上島四兄弟』上島町岩城総合支所発行
『魚の事典』東京堂出版

そして岩城港で聴いた話

岩城島には、岩城、長江、小漕《おこぎ》の三つの連絡船の発着する港があり、その中では岩城港が一番大きい。島の表玄関といえる。役場のほか、警察の駐在所、診療所、漁協など主な機関が集中している。

港のすぐ前の観光センターの中にある、喫茶「レモンハート」で人に会った。快速船に乗る人などが時間待ちをするのか、客は多く店内は賑わっていた。歓談の声、コーヒーカップや料理の皿などの上げ下げの音が絶えない。そんな喫茶店の片隅で人に会い、話を聴いた。話してくれる人は、岩城島に住む池田《いけだ》召一《しょういち》さんである。せっかく来たのだから、と言って小野寺満さんが探してくれた人である。かつてのフグやマダイの稚魚の販売にまつわる話であった。

「この岩城島で、昭和二六（一九五一）年に生まれました。あなたに比べたら、うんと若いけど、貫禄だけは十分あるでしょう」

開口一番、このように言って笑う。がっちりした堂々たる体軀の人である。目が少し不自由に見受けられる。池田さんは次のように続けた。

自宅近くの小漁港（海原港《かいはら》）の
前に立つ池田召一さん

「弓削高校を出てから、日立造船の工員になって八年ぐらい働きました。二四歳までだったと思う。日立造船は当時はこの辺りでは最大の企業で、下請けを含めてだけど、一万五〇〇〇人ぐらいの人が働いていたんだから。因島にあった。今もあるけど、規模はうんと小さくなってね、一〇〇〇人も居らんでしょう。こちらで日立と言ったら、当時はすごい働き場所やったからね。私らのころは、岩城からも三〇〇人ぐらいは通ったと思いますよ。とにかく造船ブームで沸いたころやったからね。昭和五二（一九七七）年ごろやったと思うけど、日立やめようかと思っとったんやね。その年の暮のボーナスが二五万を切ったらやめよう、と思っていました。それが二四万八〇〇〇円、二〇〇〇円足らん。躊躇なくやめやというわけです。あのころ、役場の職員の給料が、私らと同じ年の者で七万か八万ぐらいやったか。私は一二万の月給を持って帰りよったけんね。

水産会社をこれから創るじゃけん、手伝ってほしい、と言われて、最初は生名島でフグの養殖をやる、ということやったんです。卵を孵化させて稚魚をつくるという仕事ですね。採卵の段階からやりました。愛媛県の水産試験場の技師さんにはいろいろ教えて貰ったです。いわば硬から軟への転換、鉄から魚へのまるっきり違った世界へ飛び込んだ。若かったから、思い切れたんじゃろう、と思うよ。

生名島の養殖場に一年半ぐらいいた。次に今治《いまばり》へ行ったけど、ここも短かかったですわ。今治でも養殖場を造るということでした。二〇〇海里問題があれこれと言われた時代でね。これからは作る漁業の時代や、魚を増やすのには稚魚を作らにゃいかん、とどこの浦浜でも声が大きくなって、稚魚を育てようという動きがさかんになってきたころです。愛媛県の水産試験場の技師さんが先生やった。

稚魚の生産ならフグや、フグの値がいいでフグからやろう、ということになったんです。私が二六、七のころですよ。昭和五二年は、まだ養殖場を造る段階だったからね。五四年ごろから、ぼつぼつ稚魚が育つようになった。それでも初めのうちは、なかなか売れんでのう。何事もそうだと思うけど、すぐからうまく行くもんじゃないですよ。

長崎の養殖場へ稚魚を売った。フグですよ。日本の果てのような五島《ごとう》列島まで、稚魚を育てるのに行きました。中通島《なかどおりじま》の上五島《かみ》でした。稚魚を育てるのにも、向こうの者は何一つ知らん。手探りの時代でね。名義は向こうの人の名前でやったんやけど、こちらから私ら三人で行ってね。一年半ぐらいいいたかな。二九歳のときやった。三〇歳になる除夜の鐘を、博多の宿で聞いたのを覚えとるからね。

稚魚持って行って一年半で出荷しました。上五島で養殖して餌をやるとき、配合飼料なんかを撒《ま》くんやけど、とうとう肩をこわしてしもてね。中通島では、小っさい入り江の奥を、両岸から網を張って仕切る。天然の生簀《いけす》を造る。そこへ二〇万尾のフグの稚魚を入れて育てる。自然の力を利用するわけです。順調に育ったので、仕切り網を長くして、養殖の海域をひろげた。稚魚が増えた分、餌やりも大変だったです。配合飼料のほかに、エビ、魚のミンチなんか、いろいろやったな。魚のミンチは、サバ、イカナゴが原料でした。餌をやるときは、どばっと投げ入れるわけにはいかん。時間かけて投餌するから、疲れてね、とうとう肩をやられてしまったですよ。

入れている稚魚が多いから、餌をやるのにも時間かかってな、三時間、四時間かかる。三人で手分けして撒くんやけど、重労働やったな。

一年半育てたのを出荷しました。大体一キロ前後やったな。フグはすべて下関の南風泊《はえどまり》へ持って行ったです。あそこの入札は変わっとるな。袖の中というか、袋の形をした物へ手を入れて、せり人に指で指値する方法だけど、ほかにもあのようなやり方をしている市場があるのかな。奄美大島へも行きました。フグを育てる話をしてくれと言われて、講演会をしたことがあった。話をしとったら、あんた日本一のフグ養殖屋やと言われたですよ。熊本の牛深《うしぶか》でもやったな。天草諸島の下島《しもじま》のいちばん南の所です。

そのあと、マダイの稚魚の販路拡大の手伝いもやったですよ。昭和五〇年代のころ、三センチのマダイの稚魚を一尾一二〇円で売ったんだから、高いもんだったわけです。それをいちばん初めに売ってくれと言ったのが、あなたの町の迫間浦《はさまうら》ですよ。三センチなかった。平均二・七センチの小さいものだったんだけどね。ぜひ私の所へくれと熱心に言われた。総計で二〇〇万尾を三重県の漁場へ売った。昭和六三（一九八八）年には、マダイの稚魚一二四〇万尾、フグを三〇〇万尾売ったのが最高だった。取引先へはがきで単価を知らせるんだけど、いちばん多い年で四八〇〇枚出したですよ。そして四二歳までやってやめました。平成四（一九九二）年です。やめたのは会社が潰れたためですよ。

伊豆半島から西へはずっとくまなく浜廻りをしました。車で一〇〇万キロ走ったけど、車を運転するのが仕事ではなくて、浜へ行って稚魚を売り込む話をするのが仕事だという信念でやったからね。あなたの町もよう知っとるよ。古和浦《こわうら》へも行った。ちょっとした山越えにも、道がうねうねと曲がっていて、一時間もかかってね。伊良湖《いらこ》からフェリーで鳥羽に渡って、尾鷲《おわせ》まで行くのに、五ケ所浦《ごかしょうら》を抜けてね。大変な山道を越えたのを記憶していますよ」

島のマダイを養殖している場所を案内しよう、と池田さんが言う。しかし、その養殖とは関係していないらしい。

「島だからぐるり海、それでも漁業で食っとる人はごく僅かだ。片手もおらんぐらいでしょう。とき折り、組合の前で獲って来た魚を売ることもあるけど、それも時たまだ」

車中での話である。マダイの養殖筏《いかだ》はどこにでもある同じようなもので、岸から海にかけて細い桟橋が造られていた。人影はない。目の前に青い海が眠っているように静かであった。宿まで帰る途中に、マダイやスズキの稚魚を育成する会社がある。友人がやっているからちょっと立ち寄ろ

まるで工場のような稚魚育苗施設

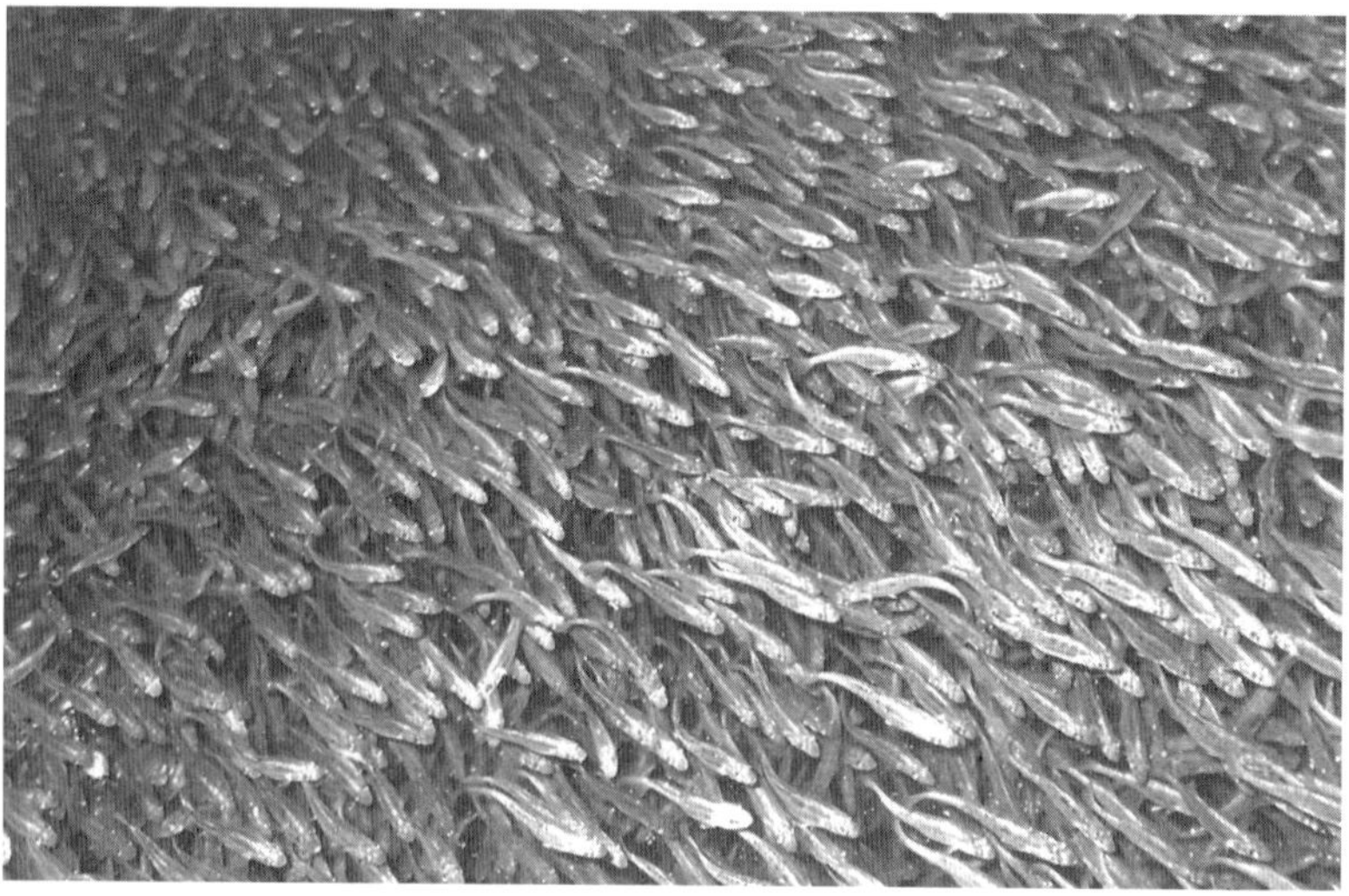

水槽の中で出荷を待つ6万5000尾のスズキの稚魚

う、と話した。企業名は、「まるあ」というらしい。

　手広く経営しているようである。まるで自動車の部品でも造っているのか、と思われるほどの大きな建物が幾棟も建っている。庭に大きな酸素ボンベが設置されている。池田さんが中を見せてあげてくれないか、と頼んでくれる。マダイの方は孵化したばかりで、細菌管理が難しいので外来の者には誰も入って貰わないと言う。スズキの稚魚がいるから、それを見て貰ってくれ、と社長が電話で言っている、と池田さんは私に取り継いでくれた。

　清潔な水槽が並ぶ。一つにスズキの稚魚が黒くかたまるようにして、波を立てている。稚魚は誕生して二・五カ月目、体長約六センチ、一つの水槽に六万五〇〇〇尾が泳いでいた。一尾一〇〇円の出荷値。あれで六五〇万円、ちょっとした油断で全部が死ぬこともある。やたらに人に見せんはずだ、と池田さんは呟いた。

　お住いの近くの海原《かいはら》港の岸辺で別れた。この人、海原の海辺から、岩城の港をまたいで、その南の方の菰隠《こもがくし》までの二キロほどの磯で、一日にゆうに七八匹のタコを獲った武勇伝を持つ。

（二〇一九・三・一四／『月刊 漁業と漁協』二〇一九年八月号）

徳島、海陽町竹ケ島紀行

――六五年、漁ひと筋の人と島の女たちの話

六月中旬、竹ケ島をめざす

春の日の昼さがり、長いおつきあいのある人の訪問があった。久闊を叙したあと、しばらく世間話をした。漁村を歩く仕事を続けているのか、と尋ねられたので、足腰の丈夫な間は、これからも続けたいが、個人情報保護の関係から、相手を探すのに苦労をしていると漏らしたら、生まれ在所の同級生に漁師がいるから、会ってみないか、六月中旬、所用で徳島へ行く予定だから、と言う。ぜひお願いしますよ、と頼んだ。

「宍喰浦《ししくいうら》だから大分遠くまで行って貰わないといけませんが、小学校からずっとの友達が漁師をしていましてね。私らは朋輩《ほうばい》と言って、今もつきあっていますから、大丈夫ですよ」

このように話して帰って行った。その人の名は横田正典《よこたまさのり》さん、三重徳島県人会の事務局長をしている。

旬日にして電話で連絡があった。

「六月一一日に竹ケ島（徳島県海陽町宍喰浦）へ行き、漁師に会うことにしましょう。私も久しぶりだからごいっしょして案内しますよ。一日早く、先に行っていますから、海部《かいふ》駅まで迎えに行き

ます」

三重県の漁村でも、親しい友人を朋輩と言う。そのことを思いながら、

「徳島県と三重県とは、言葉では隣近所のように似た点が多いですしね。楽しみです」

とはずむ気持ちを押さえて、電話の主に告げた。このようにして徳島県竹ケ島行きが決まったのである。

徳島駅を一五時三〇分発海部行きの牟岐《むぎ》線の列車に乗る。途中、大雨のハプニングで予定の時刻より大分遅れたが、約束通り、横田さんは海部駅で待っていてくれた。

暮れなずむ道を南へ走った。宍喰浦へ入る。宍喰大橋を渡って細い山道に入ったすぐの場所に、切り立った崖があった。「宍喰浦の化石漣痕《れんこん》」である。国指定天然記念物と書かれた大きな看板が立っている。

約四五〇〇万年前ごろの地殻の変動で、海底の表面にでこぼこの模様を作った土砂が固まり、それが地層となり、その後、隆起して陸地となった。このようなことが読み取れた。来る前からここだけは見て帰りたいと思っていたから、気分も高揚する。少し進むと、水床湾《みとこわん》の夕景が眼に飛び込んで来た。点在する大小さまざまな島がすばらしい景色を作り上げている。夜明

国指定天然記念物の「宍喰浦の化石漣痕」。約4500万年前の地球の動きが分かる地層が目前に迫る

夕刻が迫る甲浦の港。正面中央は甲浦大橋

晴れ渡った6月12日正午近くの竹ケ島の漁港

けの美しさは一入《ひとしお》だろうと想像した。

「ちょっと廻り道だけど、甲浦《かんのうら》まで行ってみませんか。あそこは漁師の家並みが続く典型的な漁村ですから、いいと思いますよ」

横田さんはレンタカーを走らせ、右手にトンネルのある国道五五号に出た。高知県との境である。車はそこからすぐ右側の細い道を下がり、甲浦の入り江の岸に出た。櫛比《しっぴ》して建つ家々を見た。人影のない眠ったような漁村の夕方である。神社の下に漁協の建物があるようだった。そこから海を遠望する。甲浦大橋が湾をまたいで真一文字に走る。その先に小島がひとつ。それは葛《くず》島ではないか、と思った。

青藍《せいらん》の朝、港を歩く

六月一二日、五時半に起きた。まだ寝静まっている民宿「竹ケ島」の玄関の戸を、そっと開けて外に出た。きのうの大雨とは打って変わって、晴れ渡った空は清々しい。手にしている徳島県観光ガイドマップのキャッチフレーズの通り、「青藍の海」に囲まれた島の朝であった。

港は宿からは小高い山の向こう側である。人気のない道を歩いて行った。涼しい朝の海風が吹き抜ける。港の岸壁に、マグロ延縄《はえなわ》漁船が一隻、横付けされている。第五十八勝丸と、船名が大きく胴体に書かれていた。一九トンの漁船と思われた。その先に、イセエビの刺網漁の仕事場が並ぶが、すでに漁は終わっているので、木の枠だけが残されていた。港は静かで沖へ出る船もない。船を曳き寄せる漁師に会ったが、きょうは沖へは出ない、と言う。向こうへ船を動かすだけだ、答えてともづなを解いた。

岸辺を歩いた先に、竹ケ島神社の鳥居があった。急な階段を昇った所に社殿があるらしい。集会所が建っている。ここが漁協の支所も兼ねるのかと思ったが、支所ではないことは、あとで分かった。入口引戸のガラスにたくさんの貼紙がある。「ヨコワの引き網は六月末まで中止」とか、「ドック長は誰さんに変わった」、「漁協の勘定日は何日である」等々、引戸は島民への掲示板の役目をしている。サインペンで書かれた貼紙の字は拙《つたな》い筆跡だが、どこか親しみのある感じで、こんな所に和やかに日を送る一四〇人余りの島民の暮らしの一景を見た。

踵《きびす》を返して宿に戻る。宍喰の町に通じる橋のたもと近くの堤防に釣り人がいた。細い竿を出している。

「お早うございます。何が釣れるのですか」

この問い掛けに、釣り人は私の方に顔を向け、

「イカを釣っているんだけど、あまり釣れないです」との答え。

「何イカです」

「アオリイカが釣れるんだけど、今朝は少ない」

「どちらから来られたんですか」

「姫路から三時間かけて来て、ゆうべから頑張っているけど、まだ三杯ですよ」

「餌はイワシですか」

釣りの知らない私が頓珍漢《とんちんかん》なことを訊《き》く。

「疑似餌《ぎじえ》です」

こんな会話が続いたあと、釣り人は当たりのない針を引き上げて、疑似餌を見せてくれた。

集会所の引き戸のガラスには
各種の掲示が貼り出されている

六五年、漁ひと筋の人に会う

朝から話を聞く人は竹ケ島の漁師、川野勝利《かわのかつとし》さんである。生憎《あいにく》、一一日は大雨で列車が途中で止まってしまい、予定より遅く着いたため、訪ねるのを翌一二日の午前にして貰っていた。訪ねる前、朝日に輝く竹ケ島の海を見た。うらんそといわれる磯の近くに立って、朝の海を眺めた。裏磯がなまって、そう呼ばれているのではないか、と考えたりした。沖の方に漁をしている三隻の漁船があった。静かな六月なかばの竹ケ島の海に、ひと筋の金色に輝く光の帯があった。

横田さんの道案内で川野さんを訪れた。ご夫婦で私たちを迎えてくれた。挨拶もそこそこに話を聴いた。

「昭和一七（一九四二）年生まれ、中学校を卒業してすぐカツオ船に乗りました。若いときは、カツオ、マグロ、サンマと南洋から北海道の沖まで魚を追ったですよ。三月末に中学校を出て、すぐ四月からカツオ船です。最初の二年は炊《かし》きでね。炊事係の船員や。早い話が船の飯炊き。カツオ船が八月に終わると、そのあとマグロ船、延縄漁やね。若いころに、三重の五ヶ所湾《ごかしょ》の宿浦《しゅくうら》へ、カツオの餌買いに行ったことがあったし、浜島の港へもよう入港しました。あそこは賑やかなええ町やった。波切《なきり》や和具《わぐ》の港へも入ったしね。熊野では尾鷲《おわせ》のほかに、三木浦《みきうら》や古江《ふるえ》、みななつかしい港ですよ」

川野さんはまるで熊野灘の漁師のように話を続けた。かつては五ヶ所湾には、カツオの餌イワシだけを獲る小型定置網があった。獲れたイワシはすぐ近くの蓄養の生簀《いけす》へ入れ、餌イワシの買い手

玄関先で、漁が終わったイセエビ漁の刺網を
ひろげて見せてくれる川野勝利さん

を待ったものであるが、今はない。

「三年目は餌を運ぶ仕事やね。船の中に生かしてあるイワシを掬《すく》って、釣る人の所へ運ぶ仕事、それをやってからやないと、竿は持たせて貰えんわけです。カツオ釣りは一日で帰るときもあるし、日によってまちまちや。餌が無《の》うなったら帰るでね。三日、四日と沖にいたときもある。

マグロ釣りのときは、グアム島沖まで行った。それを八月で切り上げて、根室の方へサンマを獲りに行ったしね。サンマが少ないときは、釧路へ水揚げしたけど、それは偶《たま》のことで、ほとんどが女川《おながわ》や気仙沼《けせんぬま》やったですよ。

カツオ船は大体二〇人から二三人ぐらいが乗り込んで行く。乗った船は五〇トンの船、マグロ船は一九トンが多いです。今、港に横着けしとる第五十八勝丸もマグロ船や。三陸の金華山《きんかざん》沖で漁をしとる。乗組員は地元に若い水夫《かこ》がおらんから、インドネシアの人に乗って貰ってな。六人乗っとるんかな。九人の船員のうち、あと三人が地元の漁師ですよ。インドネシアの人が乗っとらんだら、商売（操業のこと）にならん時代やでね。島にマグロ船が九隻あったが、今は五隻に減ったしね。

徳島では、出羽島《てばじま》（牟岐町）の漁師が上手《じょうず》やったですよ。昔は、ここの漁師は出羽島の漁師を見習って、腕磨いたと言われています」

奥さんがお茶を出してくれ、横に座って私たちの話の中に入る。

「加代子と言います。昭和二二（一九四七）年生まれです。以前は島も人が多くて三〇〇人ぐらいいたときもありましたけど、今はその半分です。小学校は島に分校があって、私らのころは四年生までここで勉強して、五年生から本校へ通いました。橋がなかったから船で渡して貰ろたんですよ。船下りてから山道を歩きました。子どもの足やけんね、小一時間はかかりましたやろ。時化《しけ》になって波が出ると、竹ケ島の子どもらだけ早よう帰れ、と言われて早退しますわな。そんなとき、町の子らは、島の子は早よう帰れてええな、と言ったもんです。渡し船の船頭は田村のおっさんという人でね。橋は昭和三五（一九六〇）年に出来たと思います。

　カツオ船が出航するときは、島の人全部が岸壁に立って見送ってね。子どもから嫁さんからみんなで見送りました。紙テープをいっぱい買って来て、棒に差したのを船に積んでおいて、その端をみんなそれぞれ手に持って見送るんやね。一〇〇本以上もある色とりどりの紙テープが、ずらっと港の水面に並んで、きれいやったね。行って来いよ、大漁して来てな、と声出して見送りました。島出た所で汽笛を鳴らしてね」

　加代子さんはこの話のあと、単車の免許の書き換えがあるので、と私たちを残して家を出た。横田さんも午後は県庁で所用があるので、と去って行った。

　勝利さんが冬のイセエビ刺網漁のことを、次のように話す。

「去年の秋からのイセエビの漁は、近年にない大漁でね。ここは九月一五日解禁で翌年五月一〇日までやで、三重のよりは期間は長い。こんなに獲れた年は近年なかった。買い手がもうよう買わん、と言うて、買い付けを中止したですよ。一キロ当たり三〇〇〇円まで下がった。ごっつう下がったでね。大きな生簀に五トンも溜まったらしい」

勝利さんに、イセエビ漁のあと、夏からの漁に何があるか、と尋ねた。

「ヨコワの小っさいのを釣っとったけど、これも買手が買《こ》うてくれんですわ。これはクロマグロの稚魚やで貴重な物《もん》さ。こんまい（小さい）のが一尾二〇〇〇円、刺身にしたら三切れか四切れしか出来んぐらいのがね。いちばん高いときは四〇〇〇円もした。買うてくれんからヨコワ釣りは止めや。釣ったヨコワは傷つけんように釣針からはずしてな。ヨコワを釣るのは、出羽島の先の大島、あのあたりまで行ってね。私の船では漁場まで二時間はかかる。ほかに四〇〇メートルぐらいの延縄でガシラを釣るけど、これも安いですよ。ガシラとはカサゴのことです。

漁師してから、かれこれ六五年近くなるかな。途中でもう一度炊《かし》きをした。中学校あがりが船に乗らんから、炊きをする人が無《の》うて、私は四〇歳ぐらいのときから一五年、船の飯炊きをしました。二〇人もの漁師のご飯の支度をしたんさ。それをひとりでやるわけです」

話が終わって庭に出て、イセエビの刺網を見せて貰う。三枚網かと訊けば、ここは三枚網は禁止、ナイロン糸の網も使わないのだ、と言う。三枚網というのは網目の違う網を三枚重ねたものである。

「ずっと以前のことやけど、宍喰には鰹節を製造する家が一軒ありました。近在から女の人らが働きに来ていた、と聞いたことがありますよ。

ほかに、浅川という所やけど、海女がおりました。しかし、この人は伊豆から来た女性でな。こちらの漁師が伊豆へ漁に行っていたとき、いっしょになって連れてきたわけや。その人の孫が、今ソフトバンクの野球チームの選手で人気がある。おばあさんは海女漁が上手な人で、小んまい船でテングサをいっぱい採ってね。もう亡くなりましたけどな」

こんな話を港の岸で聞いた。話し掛ける川野さんは、さすが六五年ひと筋という風貌そのものの人であった。すぐ横の集会所には、何人かの人がいるようであった。これから、私に島の暮らしの様子を話してくれる、数人の女の人の声を聞いた。

集会所での島の女たちの話

川野勝利さんにお礼の挨拶を言って別れ、こんにちは、と集会所の戸を開けた。そこに、六人の女の人たちが集まっていた。七時前、朝食を摂っているとき、宿の女将が次のように話してくれたのである。

「きょう、集会所へ集まってくれるよう、何人かの人たちに頼んでありますからね、行けばいいですよ。いろいろ話をしてくれるでしょう。ゆうべ電話で頼んでおいたから」

竹ケ島で生まれた女将の天野賀津子《あまのかづこ》さんは、快活な話しぶりであった。

集会所は島の人たちの溜まり場であるらしい。島の六〇軒ほどの家は、すべて漁家といってよく、宍喰漁協の組合員であるが、竹ケ島には支所はないのだ、と女性たちは口を揃えて言う。

「二階は船を新造したときの船祝いとか、神社の祭りのときの座敷なんかに活用しています」

六人の中のひとりが、このように話の口火を切った。広間の中央には、大きな机を用意してくれてあり、周りに六人が私をとり囲むように椅子に腰掛けている。そこに天野さんも加わって七人になった。

それぞれの名前を言って貰う。

戎田《えびすだ》さと子、島田えつ子、公文《くもん》洋子、戎田幸枝《ゆきえ》、戎田安子、川野セツ子さんたちである。中で

集会所へ集まってくれた島の女の人たち。
どの人も若々しく元気そのものであった

は、さと子さんがいちばん年上で八五歳、あとは七五歳前後の人たちである。私はまだ七〇歳になっていません、と賀津子さんが笑い、六人の人たちの関係を説明してくれる。向こうがさと子さんの妹、こちらは私の旦那のいとこの連れ合い、その隣が私と四つ違いのおばさん、などと話してくれるが、短時間のうちには覚えきれない。名前を書き留めるのがやっとであった。

「私なんんか、戦争終わってしばらくしてからだけど、物々交換に行ったですよ。家で獲った魚を持って行って、農家で米と換えてね。背中に背負って来ました。橋がなかったから船で渡ってね。島は水が少なかった。共同井戸から水汲みするのが、女の人の仕事だった」

さと子さんの若いころの苦労話から、会話は進んだ。さと子さんは耳が遠いためか、声が大きい。

「ここの島の旦那はみんな漁師ですよ。カツオ釣りに三陸へ行ったり、サンマを獲りに北海道まで行ったりね。マグロ船にも乗りましたよ。私のところはおかげさまで、今も現役、でも年取りましたから、遠洋漁業船には乗らず、冬はイセエビの刺網漁をやるとかね。私は橋渡って向こうの宍喰の道の駅まで働きに出ています。ここからバスに乗ってね」

こう話すのは洋子さんである。お早うございます、とみんなに挨拶したとき、まず、いらっしゃいと私を招じ入れてくれた人である。洋子さんは白い服を着ていた。このあと、六人のうち三人は誘い合わせて、病院へ見舞いに行くのだ、と言う。

「時間、大丈夫ですか」と訊けば、

「もう少しいますよ。せっかく来て下さったんやからね。私ら子どものころは、こんな小っちゃい島でも大勢の人が暮らしていたから、子どもも多くてね。同級生は男女合わせて一〇人いたですよ。今は何人いるんだろう、保育園へ行く子は四人だと言うし、年寄りばかりの島になってしまいました」

と笑う。それに応じるように、ほかのひとりが言葉を継いだ。

「小学校は四年生までが島の分校でね。五年、六年は宍喰の本校へ行きました。船で渡して貰って、船下りてから山道を歩いてね。子どもの足で一時間はかかったですよ」

「橋のことやけど、あれは昭和三五年ごろできたと思います。今の橋が架かる前は、すぐ西側に吊り橋がありました。狭い橋やったですよ。小型タクシーがやっと通れる、車体がすれすれの感じやった。今も、両岸に大きなコンクリートの枠のようなものが残っています」

シイラをさばく戎田虎之助さんと幸枝さん

別の人はこのように話してくれた。

「お父さん（旦那）たちが三陸の方へ漁に行っていたとき、船が塩釜の港に入るから、みんないっしょに来い、と言って来てね。私ら女どもは飛行機で会いに行ったですよ。大阪から仙台の空港まで行ったと思う。ほとんどの人が、初めて飛行機に乗ったんやからね。向こうへ着いてからあちこち温泉へも連れて行って貰って、楽しかったです」

と誰かが話す。これは六人に共通のなつかしい思い出である。

「水は桶を担って運びました。風呂はない家が多かったから、貰い風呂ですよ。ドラム缶の五衛門風呂だった。電話も小学校の分校にひとつあっただけ、電気は昭和二九（一九五四）年にやっとついてね。それまではランプの生活でした。子どもは掌《て》が小さいから、煤《すす》を拭く仕事が役目やったね」

「トコブシも小さいのしか獲れんですよ。磯に海藻が生えとらんからね」

「生活用品を売る店がないから、牟岐の商店が小型トラックで移動販売に来てくれます。毎週月、金の二日だけやけど、年寄りはそれを当てにして待っていますよ」

六人の中に牟岐から嫁いで来た人がいた。幸枝さんである。

「牟岐から来たんです。父親も漁師でね、出羽島の船に乗っていました。竹ケ島に嫁いで来てもう五〇年以上になるのかな」

こんな話をしていると、シイラを貰ったと、旦那が知らせに来た。家は集会所の前である。これから三枚におろすのを手伝うのだ、と言う。私は幸枝さんのあとを追う。庭の流し台で旦那がシイラの頭を落とすところであった。三枚にしてフライにする、と幸枝さんが言う。

「七年ぐらい前だったと思いますけど、主人が船の上で具合が悪くなってね。脚に血液が流れなくなって、船で倒れたんです。硫黄島の近くでした。ヘリコプターが来てくれて、硫黄島まで運んで貰って、そこから東京の病院へ、何という病院だったのか覚えていない。知らせを聞いたときには生きた気がしなかった。それでもおかげで助かってね」

「昭和九（一九三四）年生まれ、今、八四歳です」

出刃包丁を動かしながら、名前は虎之助《とらのすけ》や、と旦那が付け加えた。

六人を集めてくれた民宿の女将の賀津子さんは一足早く途中で帰り、病院行きの三人も車に乗り合わせて走って行った。さと子さん姉妹も立ち去って、集会所はいつの間にか無人となった。幸枝さんに挨拶して別れた。

バス停留所は橋のすぐそばである。待ち合わせる乗客のために東屋《あずまや》が建っている。椅子に腰かけて体を休めた。ウエットスーツを着たサーファーが三人やって来た。どこから来られましたと尋ねたら、神戸からと言う。三人は思い思いに樹影を選んで体を横たえていた。すぐ近くにかつて吊り橋

かつての吊り橋の巨大なコンクリートの枠。本土の向こう岸までは 80m ほどしか離れていない

があったことが分かる、大きなコンクリートの枠が残っている。
晴れた六月の空の下、涼しい海風が吹いた。

六月を奇麗な風の吹くことよ

正岡子規《まさおかしき》のこの一句が口をついて出た。甲浦から来たバスは私ひとりを乗せて、牟岐をめざして走った。

（二〇一九・六・一一／『月刊 漁業と漁協』二〇二〇年二月号、三月号）

春の筑前・相島行

——玉ならば真珠

相島《あいのしま》へ

春の彼岸、玄界灘は凪いでいた。穏やかな海であった。博多から門司港行きの電車に乗り換え、私たちは福工大前駅で降り、タクシーで船着場へ急いだ。同行の人は、英虞《あご》湾で真珠養殖に携わっている若い研究者である。相島には石を積んだ古墳群もあるし、島の漁師さんからも話が聴けると思いますよ、と言う誘いに応じた。研究者は、近く東京で開かれる学会での研究発表の資料の確認のため島へ渡ります。泊めて貰えるように頼みますからどうですか、と勧めてくれたのである。目的地までの行程を知悉《ちしつ》している若者と道連れの旅はすこぶる楽しかった。相島は新宮港とは指呼の間、二〇分足らずの乗船で着く。海上には津屋崎《つやざき》の海岸が望まれた。

相島は真珠の島である

連絡船が島へ近づくころ、乗客の眼にとび込んでくるのが、海面所狭しと浮く、無数のガラス玉である。真珠養殖漁場が広がっているのだ。珠を抱いたアコヤガイ、つまり真珠貝が島の南側の海一面に吊り下げられているのである。アコヤガイの貝柱は勾玉《まがたま》の形をしているが、そういえば相島はその形に似て、巴《ともえ》の一片のようだ。

相島の海で真珠養殖ができるのはなぜか。アコヤガイが獲れるからである。たまたま、相島南側の丸い海岸線で囲まれた湾のような海域で、天然のアコヤガイが発見されたことによる。平成一二（二〇〇〇）年のことであった。杉の枝を束ねて海中に垂下し、杉葉に付着したアコヤガイの稚貝を、一つずつ葉からはずし籠で育てるという、従前からの養殖ができる、いわば日本の海域での最後の漁場といえる場所なのである。

ここで清水《しみず》さんという、かつてマグロ遠洋漁船に乗ったこともある人から、話を聴くことができた。今は真珠養殖漁場で働いている。

「私は昭和二三（一九四八）年生まれ。もうすぐ七〇歳ですよ。マグロ船なんかの荒っぽい仕事をしていました。真珠養殖の仕事をするとき、お前が珠入れたって絶対駄目や、と言われましたけど、一心不乱、魂を打ち込んでやればできるんです。やる以上はいいのを作らないと、一生懸命心を込めてやる。それだけですよ。

アコヤガイの殻を少し口開けて、核を入れる。珠入れとか、核入れとか言いますが、入れる人によって上手下手はありますよ。まぁ、手先が器用な人は、その分いい珠になるでしょうけど、つきつめればやる人の心です。若い人がいいとは限らない。気構えというか、責任感です。大勢の人に手伝って貰っていますが、自分が経営に参加しているという気持ちでやらないとね。そう頼んでいるんです。最後は自分の仕事に愛情を持つこと、人間の心次第ですよ。それにつきると思います。古くさいことを言うようですけどね」

「日本の島々を紹介した本に、『島々の日本』という美しい写真集がありますが、その本の中では、相島を大粒の真珠養殖でも知られる、と書かれていますよ」

このように言えば、清水さんは明るく答えた。

「直径一一ミリぐらいのもできますからね。いい海ですよ。ここでできる養殖真珠は、相島ブランドと言われていてね。ネックレスにしたら一五〇万はするでしょう。何年かに一本ぐらいは、うん百万円ものができます」

「そうなれば、岸から小便もできない」

この私の無駄口に、

「いや、ときどきは船の上から、じゃっとやることもある」

私たち二人のこんなやりとりを聞いて、部屋にいた者が笑う。

宿の主《あるじ》清水さんは、何でもない所で躓《つまず》いて顔を怪我したと言い、右の眼尻の下に絆創膏を貼っている。大相撲三月場所で人気を独り占めしていた、新横綱稀勢の里の傷のある顔に似ていた。

その人は宇和島の水産高校を出て船員になった。昭和四二（一九六七）年、一九歳のときにマグロ遠洋漁船に乗った。七つの海を駆けめぐった、と話す。

「三年余りだったですけどね、地中海の入口あたり、カナリア諸島の近くだった。ラスパルマスへよく入港しましたよ。船は八〇〇トン、太平洋廻りです。パナマ運河を抜けて、五五日の航海だった。一回出れば二年です。それが大体半年ぐらいは延びたかな。航海手当がつくから、若い者にはあまり苦にならない。一航海は五カ月ぐらいだったですよ」

清水さんは愛媛県出身の人である。少し話し込んだところ、偶然にも、私の身内の連れ合いが同じ町の出身であることが分かり、話は生まれた在所のことに飛ぶ。

マグロ船を下りてからは、自分の町で巻網やほかいろいろ家の漁業を手伝ったりしてね。ミカンもやっていました。学校へ行く前に、親の手助けだと思って、ミカンの苗木を植える植穴をスコップで掘りましたよ。真珠養殖がいいということで、こんどはそちらへ力が入ってね、だから、ミカン畑は忘れがちになって、いつの間にやら畑は草ぼうぼう、真珠草が生えたと笑ったですよ」

話される所は、獅子文六《ししぶんろく》が『週刊朝日』に連載した「大番」の舞台となった。ギュウちゃんと渾名《あだな》される株屋が主人公であった。清水さんの奥さんも同郷である、と言われる。心づくしの手料理に舌つづみを打った。アコヤガイの貝柱の天ぷらは熱あつである。島の漁師がとったサザエも壺焼きで出された。

「先生のご親類の方は、どこの生まれですかね」と、手を休めずに料理をする奥さんが、その町の幾つかの大字《おおあざ》名を言って私に訊《き》くが、

「もう、それこそ四五年も前のことですからね。そこまでは覚えていないですよ。峠を越えましてね、トンネルがあったかな。ちょっと高い所に役場があったのを記憶しています」

と、私が答える。こんなやりとりをして、しばらく歓談が続いた。そこへ、こんばんは、と入ってくる人があった。島の漁師の井上博《いのうえひろし》さんである。コウイカ*2をとる漁の話を聴くことができた。

「昭和三四(一九五九)年生まれです。相島で生まれてずっと漁師ひと筋です。高校は宗像《むなかた》の方へ行きましたけど、どこへも就職せずにね。自衛隊へ入るということも考えましたけど、頭が悪いから、漁師だけやね」

これが挨拶代わりであった。

「そんなことないですよ。師というのは、先生ということでね、その道の手本となる人のこと、まず医者でしょう、次が学校の先生、それにもう一つが漁師、この三つが尊敬されるべき人たちなんですよ。漁師は立派なものです。代議士といわれる先生は、『士』、つまりさむらいでね、私にはあまり尊敬する人はいない。仕事は段取り次第と言いますけどね、段取りが良くなければ、漁師の仕事はできませんよ。まごまごしていると魚が逃げてしまう」

笑いながら、かねてからの持論を言った。

「ここの島には一〇人あまりの海士《あま》はいるけど、女の人は潜らない。昔から、女の人は自分の家の漁船にも乗らないという習慣というか、古くさいところがありましてね。海士漁もウエットスーツが普及してからだから、そんなに長い歴史はない。私はやらないです。子どものときに中耳炎を患ったこともあって、海士漁はしないです。相島の漁業は一本釣りが中心で、イサキ釣りなんかをやる漁師がいちばん尊敬されてきたんです。私は籠でコウイカを獲っています。昔の漁法でね。餌を入れず、ツゲの木の葉っぱのついた枝を入れておいて、それへ産卵に来るのを狙います。

葉っぱでも、ツゲは割に丈夫で、海の中に漬けておいても二週間ぐらいはそのまま葉がついていますからね、ツゲの枝を籠の入口に漬けておくとそこへ入る。葉っぱが落ちたら、また漬け換える。そんなやり方ですよ。

海底へ籠を沈めてね。籠の大きさは直径が一メートルぐらい、高さは大体四〇センチぐらいかな。私は二三〇籠を入れます。籠九つを一つの組にして一本の縄につけ、両端に目じるしの旗を立てます。そのようなのをずっと二三〇籠、海底に沈めていくんですね。三日に一回、籠を揚げます。全部揚げてまた同じ場所へ入れます。なるべく同じ所へ沈めるようにしてね。自分の漁場が決められています。共同漁業権の漁場を隻数で均等割して、井上の漁場はここというように区割りして、その中で籠を仕掛けるわけです。

コウイカはスルメイカと違ってそれほど高い値のするイカではないんだけど、近年、この海域はスルメイカが全く獲れなくなってしまって、そのおかげか、コウウイカのきょうの朝売りで、一箱七〇〇〇円しました。一箱に七、八匹入りますから、一匹一〇〇〇円、スーパーに並ぶときには二〇〇〇円はしますよ。

でも漁は毎日いいとは限らんですからね、ほかの漁師だけど、きのう、ブリの仔が結構釣れたんよ。きょうも行ったらしいけど、それが一匹も食わん。そんなもんでね。私なんかも、きょう悪かっても、あすがあると思い直しながらやります」

コウイカを獲る漁船、
ツゲの枝を積んでいる

このように現状を話す井上さんの言葉に、清水さんは半畳を入れて、みなを笑わせた。

「先の計算が立たん、これが漁師でね。計算が立ちよったらさ、漁師はみんな蔵建てよるよ」

「私は昭和五二（一九七七）年ごろに漁師になったんだけど、当時は、イサキを釣る漁師がいちばん上でね、アジを釣る漁師はその下に見下げられていました。一本釣りがこの島の漁業では最高といった、そんな自負するような気風がありました。タイは五智網[*3]で獲りますけど、これも今は一隻になってしまった。とにかく漁師がうんと減りましたからね。

いつかイタヤガイが獲れたことがあってね。獲れて獲れてね。底曳き網で大きなのが獲れたんです。志賀島《しかのしま》なんかからもやって来て、獲り尽くしてしまった。あと、全然獲れなくなってしまったです。漁業というのは、そのときだけ良ければいいというもんじゃないけん、漁場を荒らしちゃいかんのですよ。海の色は同じようでも、魚も貝も獲れんのです。漁師は減ったというのにね」

日本の漁村、どこへ行っても同じような嘆き節である。コウイカの出荷の様子を尋ねた。

「籠を揚げるのはだいたい三日おきだけど、これも天気次第でね。朝七時ごろに出て、午後三時ごろまでかかってね。旗と旗の間の九つ付いている縄を揚げて、籠に入っとるイカを出して、その縄をまた沈めて、次の九つの縄を揚げるという順繰りの作業だね。籠は元の位置に戻すわけです。獲れたイカは夕方五時までに漁協へ持って行って、そこから鮮魚運搬船で新宮の本所へ運んで、夜中の二時にトラックに積んで、午前三時までに博多の魚市場へ出すんです。幾らで売れたか、仕切書は昼までに入って来ますよ。メールがあるから早くなりました」

井上さんは秋から冬は白サバフグを、これも籠で獲るのだと語る。サバフグはほかのフグと違って無毒らしいが、消費者には内臓を除いて売られる。ウマヅラハギの肝より、このフグの肝は味が濃くてうまい、と言う。

「新宮や古賀《こが》の人なんか、あのうまい味を知っていましてね、内緒で買う人もいるらしいです。一一月になると大相撲は九州場所ですね。そのころが旬でね。八キロで一万円はします」

井上さんには息子がいるが、漁業は継がないらしい。本人のやりたい仕事に就けばよい、というのが父親の考え。それでも船には乗っている。町営の渡船「しんぐう」の船員だそうだ。

一夜の宿のベッドに横たわる。カーテンの向こうに港の灯りがやわらかい光を放つ。北原白秋の詩に、真珠を詠んだ短いものがあった、と思い出そうとするが、その一行が出て来ない。帰ったらすぐ探すことにして、私は静かに眼を閉じた。

相島は石の島である

国土地理院が発行している二万五〇〇〇分の一地形図の「津屋崎」の左上に相島が印刷されている。島が細くなった東側に、史跡名勝天然記念物があることを示す、∴のマークがあり、そこに「相島積石塚群《つみいしづかぐん》」の表示がある。

積石塚というのは、石で積んだ古墳のことで、それが二五四基が集まって残っているのが、相島の東はしの北側の海岸にある。相島に積石塚があるのは以前から分かっていたが、学術調査が実施されたのは、一九九四（平成六）年であった。二五四基の古墳群は、長野県の大室《おおむろ》古墳群に次いで二番目の規模であることが分かった。二〇〇基以上の古墳群は六カ所しかないといわれる。

積石古墳の築造は四世紀後半から始まったらしいが、五世紀中ごろにかけて増加し、六世紀後半に終焉を迎えたらしい。しかし、その後もすでに出来ている石室に追葬する方法で、代々の墓として利用してきた、というのがこれまでの定説である。相島の古墳群は、箱式石棺が全体の四分の三を占め、ほかに、横穴式、竪穴式の石室などがある。出土したものには、鉄剣や全銅製の耳環《じかん》などがあるが、古墳群の広さの割りには少ないのではないか、と思われる。二〇〇一（平成一三）年八月七日付で、「相島積石塚群」として国指定の史跡となった。ここは海の古墳群といって良い。石が島人の歴史を伝えているのである。

清水さんから話を聴く前、日が暮れるまでにと、私たちは古墳群の中に立った。人の頭ほどの丸い石もある大小の石積の浜が約五〇〇メートルほどに延びている。

復元された石積の古墳の上に立つ。下を覗くと、死者を埋葬した部屋がきっちりと形成されていた。誰が築造したのか、被葬者は誰か。これらの「誰か」はまだ分かっていない。無数の石のそれぞれに古代のロマンが秘められているようで、身が引き締まる気分であった。玄界灘の荒波が丸石の浜辺をつくり上げている。足元に気を取られながら、波打際まで降りて行くと、ここにも帯をなして、生活のごみが打ち上げられて、一線を描く。ペットボトルやビニール製品の数々、誰かのいたずらだろうか石の間に立つ杖のようなものに、長靴の片方が引っ掛けられていた。

軽トラックを運転して案内して下さる清水さんは、ついでだから島をぐるっと廻って行こうと、先を急ぐ。途中、太閤潮井《たいこうしおい》の石を見た。繁みの中に石が積み上げられているのである。豊臣秀吉の時代、朝鮮出兵があったが、そのとき、諸国の軍勢が海路で名護屋城に向かう途中、相島に立ち寄り、海岸の石を一個ずつ持って千手観音像に祈願したと伝えられている。石の山は、一〇トントラックで二〇〇台分に相当すると、島の案内記には書かれている。

復元された積石の石室

石といえば、大きいのもある。次に目にしたのは集落に近づいた岸の上にある龍王石、これは大きい。周囲が七・五メートル、横幅が二・六メートル、高さは二メートル余り、巨大な石が御神体であり、漁を生業《なりわい》とする島の男たちの信仰を集める。石の前に二本の松が立てられ、それにしめ縄が張られているが、これ一本にも相島独特の形があるようで、何とか奥ゆかしい習俗の一つかと興味が湧いた。

船着場に近づくと、二つの石積みの古い突堤が目に飛び込んで来る。朝鮮通信使一行を迎えた島としても相島は知られるが、一行の船団を迎えるために、一六八二（天和《てんな》二）年の春から波止場の築造にかかり、島民のべ三八五〇人の労力で約二カ月の間に完成したといわれる。それらが「先波《さきは》止《と》」と「前波止《まえはと》」であり、前波止は連絡船の発着場の横にある。

先波止は今も防波堤の役目をし、町から訪れる釣り客の釣り場として、ここに佇む人の絶えることはない。海に突き出た黒ぐろとした石積みが夕暮の中で美しかった。

相島は柱状節理《ちゅうじょうせつり》の島である

翌日も晴れた。船で島をひと廻り、ついでに、鼻栗瀬《はなぐりのせ》を近くから見よう、ということになり、作業船を出して貰った。

相島は柱状節理が美しい。柱状節理というのは、溶けた造岩物質が地上に出て冷却し、固まるときに出来る柱状の割れ目のことである。相島の東の突端、つき出た所は通称鼻面《はなづら》半島と呼ばれるが、ここも柱状節理の絶壁である。そこを左手に見て船は前方の小島、鼻栗瀬に近づく。島の人たちは、その形状からめがね岩と言って親しんでいる。岩の向こうに、登ったばかりの春の朝陽が望まれた。北海道の奥尻島《おくしりとう》にこれに似た岩がある。奥尻の方は鍋釣岩《なべつるいわ》といい、島の岸辺近く、そして幾らかの植生が見られる。一方、めがね岩の方は、木も草も生えていないようだ。しかし、岩によじ登ってつぶさに観察すれば、何かは生えているのではないか。半円の弧のような形の岩の中央をくぐり抜けようとしたが岩礁があった。船の舳先《へさき》あたりがめがね岩の岩肌に当たった。顔を近づけると、岩の細い割れ目には、カメノテがびっしりと付着し、それらを囲むように、フジツボが密着していた。

船は岩の裏に廻る。岩肌が真っ白である。海鳥の糞《ふん》であろう。鳥はウミウかシラサギか、何という鳥の仕業かは分からない。朝陽を受けて、岩の上半分が真っ白である。歌舞伎役者の白粉《おしろい》の顔のように思われた。岩質は玄武岩、岩の高さは二〇メートルもあり、周囲は一〇〇メートルはあるら

通称めがね岩といわれる鼻栗瀬の奇岩。
上半分が海鳥の糞で白く覆われている

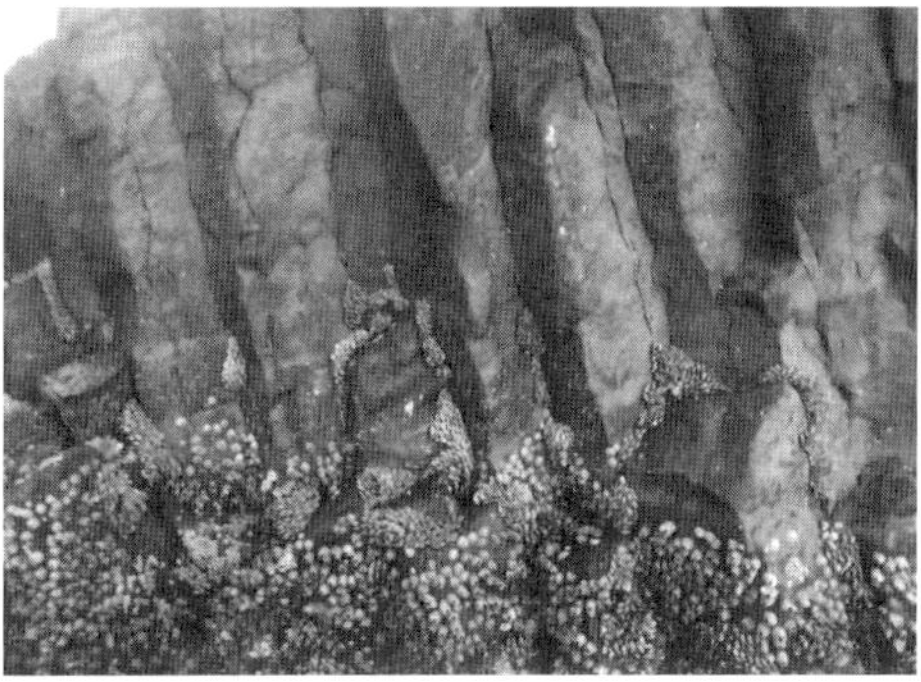

めがね岩の波が当たるあたりに
びっしりと付着するカメノテとフジツボ

しい。半島を廻り港へ帰ったが、途中、柱状節理の美しい岩壁が、廻り舞台のように次つぎと船上の者を楽しませてくれた。

相島はおもてなしの島である

島の唯一の寺、神宮寺へ行った。和尚に会って島のことを尋ねようと思ったからである。本堂へ招じられた。折りからの彼岸会《ひがんえ》で、何人かのお年寄りが仏像を拝み、手を合わせている。本堂の中央に施餓鬼《せがき》棚が置かれ、両側には笹が立てられている。棚には朝鮮通信使を迎える準備作業をしていたとき、台風に遭遇して溺死した福岡藩の士《さむらい》や島の水夫《かこ》など六一名の合同位牌があった。合同位牌の前には大きな丸餅が二重ね、どっしりと供えられていた。

隣の部屋で話を聴いた。和尚は中澤《なかざわ》さんと言い、一九三九（昭和一四）年生まれである。すぐ、寺のことを話し始めたが、少々早口で話が聴きとりずらい。これは困ったと思っていると、そこへ対岸の新宮町で電気関係の仕事をしていたという花田和博《はなだかずひろ》さんが入って来た。和尚からあんたの方が良く知っているから、話してやってくれと頼まれたので、と挨拶された。中澤和尚より四つ年下で相島生まれ、お住いは新宮港の近くだと言われる。相島の歴史にくわしいのだ、と和尚が紹介してくれた。

「素人があぁでもない、こうでもないとやっているだけですよ。しかし、相島は積石塚群でも分かるように、古い歴史を重ねて来ている島だと思いましてね。もっと島に光を当てないと、心ある者が集まって研究や調査をしています。

相島は福岡藩政の時代、今の糸島から北九州市の戸畑までの約四〇の漁村の中で、いちばん活気のあった島だと言われています。二〇世紀初め（一九〇一年）に八幡製鉄所が出来た。そこで使う石炭を運ぶ船が玄界灘を行き来する、途中の寄港地が相島で賑わいがあったのでしょう。『万葉集』にもね、相島だといわれている島の一首がありますよ」

このように話して前に出された資料の一首は、その巻三の中ほどで「雑歌《ぞうか》」の中に出て来るものであった。

阿倍《あへ》の島鵜の住む磯に寄する波
　間《ま》なくこのころ大和し思ほゆ　（三五九）

がそうだと言う。山部赤人《やまべのあかひと》が阿倍の島に寄せる波を見て、遠い大和をしのんでいる一首である（最近の岩波文庫『万葉集』（一）では、「阿倍の島」は未詳と解説されている）。花田さんは、島の古名には、阿倍嶋、阿恵嶋、相以島、安威島など幾つかの名が時代とともに変わって来たということが、『新宮町誌』には書かれている、と自分の研究資料を示してくれた。いずれにしても、「豊かな海と緑なす野山、それに降り注ぐ光の島」が相島なのであろう。

「朝鮮通信使というのは、徳川将軍が代わると、そのたびに祝いの目的で朝鮮の王朝から国書というか信書を持って来て、徳川将軍の返書を持ち帰った使者のことです。第一次から第一二次までありましてね。最初が慶長一二（一六〇七）年だから一七世紀早々に始まったんですね。一二回目は相島へは来ていませんから、一一回往復で二二回、相島へ上陸して航海の疲れを癒《いや》したんでしょう。

その都度、人数は五〇〇人近いと記録にありますから、島としては大変なもてなしだったわけでね。来訪のたびに、迎える館を建てたんですよ。館舎は新築で柱から垂木《たるき》、垣根に至るまでみな竹で作り、といったような記録が残されています。さぞかし青竹が美しかっただろうと想像出来るんですが、一行が帰ったあと、それをまた壊しましたから、もったいないようなことだけど、迎えるときは、真っ新《さら》でという、それが、島人のおもてなしの心意気だったのでしょう。五〇〇人もの人を何日間かもてなすのだから、大変だったと思います。一行に提供した食材は米、酒のほかさまざまだけど、第七次来日記録をもとに、今の人件費でざっと試算すると、優に八億円をはるかに超えるという額になりますよ。こんな輝かしい歴史のある島なんですが、西暦九〇〇年代から一五〇〇年代までの約六〇〇年間の文書がないんです。歴史資料がありません。明治三（一八七〇）年に大火事があって、島の大半の民家が焼失しました。そのとき、すべて焼けてしまったのではないか、という人もいます。だけどほかに理由があるかも分からない。

私が小学校卒業のとき島の人口は約一三〇〇人だった。昭和三〇年代の人口がね、それが、今、三〇〇人を切っています。時代の変化だとは言うものの、ちょっと淋しいですよ。

相島の連中は誰でもつき合いがいいですからな。朝鮮通信使をもてなした時代の精神がずっと引き継がれているのでしょう。寄っていきやんしゃい、という気持ちがあるのかな」

午後二時に船が出る。清水さん夫妻にお礼の挨拶をした。おいしいものを腹いっぱい載きました、と言えば、

「私らは、ひだるい気持ちにはさせちゃいかん、といつも心掛けてね。ひだるいというのは腹が減った、ということです。お客さまにひだるい気持ちだけはさせちゃいかん、それ一途《いちず》でもてなし

ています」

連絡船「しんぐう」は定員いっぱいの一五〇人の客を乗せて、定刻にともづなを解いた。西の空に薄い春の雲があった。

私たちは博多の駅の雑踏の中で別れた。同行の人はお産で鹿児島市へ帰っている家族に会うため、南へ去って行く。私は小倉まで在来線の鹿児島本線の列車に乗る。小倉駅の書店に入り、白秋《はくしゅう》関係の本の二、三を探した。昨夜、思い出せなかった短詩は、そのものずばり、『真珠抄』の中にあることがわかった。疲れがたまらないよう気遣って、小倉で一泊して体を休めた。ホテルの部屋で、持って来たコーヒーを淹《い》れ、それを啜った。窓外には春の雨があった。

帰ってすぐ書架から、『白秋全集』第三巻を引き出す。『真珠抄』は次の短唱で始まっている。

潤《うる》ほひあれよ真珠玉幽《かす》かに煙れわがいのち

そして一枚めくると、

玉ならば真珠一途《いちづ》なるこそ男なれ

とある。これだ、と膝を打った。清水さんが語った、心をこめて一途に大玉の真珠をつくるのだ、と言うひと言がこの短詩に重なる。

同行の若き友に短いお礼の手紙をしたためた。末尾に一句書き添える。

春耕の土に雨降る旅楽し

途中、快速「みえ」の車窓から眺めた、雨に濡れる伊勢平野の春の土を詠んだ腰折れである。

（二〇一七・三・二五／『火涼』No.74、二〇一七・五）

＊1　公益財団法人日本離島センター　二〇一三年一一月一八日刊
＊2　胴は卵円形で、体いっぱいに石灰質の骨格（甲）がある。このイカは、籠、網などで獲られ、美味。
＊3　タイを主な対象とする手繰り網。長い網で魚群を網に追い込み、網にからませて捕獲する。西日本で多く見られる。

【参考資料】
『相島歴史年表』相島歴史の会編
『相島と朝鮮通信使』新宮町教育委員会発行

第二章 ◉ 海辺の人に出会う旅

加賀の海で活躍する若い女船頭

伊豆の海に生きて

――志摩半島から出稼ぎに来た海女さんたちの話

賀茂郡南伊豆町で

伊豆下田から南へ国道一三六号を通って、青野川下流へ出た。橋を渡ってすぐの所に郵便局があった。川の右岸にはハマボウの群落があり、ちょうど夏の盛りで黄色い花が満開であった。手石《ていし》を過ぎ河口近くで道を右へ、みごとな海岸が目に入る。小稲《こいな》の先の下流《したる》に、かつて三重県志摩半島の石鏡《いじか》（現・鳥羽市石鏡町）から、テングサ採りに来て、ここに移り住んだ人がいると聞いて、はるばるやって来たのである。

その人の名は、肥田《ひだ》まさ子さん。昭和一二（一九三七）年生まれの元海女《あま》である。近くの親しい理髪店の女主《あるじ》の平山美穂子《ひらやまみほこ》さんがそばにすわっている。

「母が石鏡から伊豆へ来て、田子《たご》で海女漁をしました。テングサ採りです。田子は西伊豆の漁村で、観光地として知られる堂ヶ島のすぐ北です。父も石鏡の人で河村という苗字でした。夫婦で田子へ来ていたんですね。私は田子で生まれました。小さいときは、田子の人に預けられて育ったようなものでね。学校は石鏡で、中学を卒業してすぐ海女になりました。

最初の一年は稽古海女、見習いです。年寄りから、海女の作法や漁の仕方などを教えて貰いました。石鏡では船には乗らず、三、四人の仲間で磯へ行って潜りました。磯桶を使いました。石鏡のしきたりでは、海女は結婚するまでは、どこかへ出稼ぎに行く、ということでしたから、私は戸田《へた》（現・沼津市戸田）へ行ってテングサ採りをしました。あそこはいい港で、カツオ船がたくさんありました。

私の夫は米蔵といいます。戸田にあった水産会社に雇われて、潜水夫で海の仕事をしていました。アワビ、サザエを獲ったり、時にはテングサを採りました。戸田で知り合って結婚して、下流へ来

肥田米蔵さんとまさ子さん

肥田まさ子さんが海女漁のとき使った道具。
左からスカリ、タンポ（桶）、
その上に並ぶのが磯のみ

て、下流の磯で潜りました。こちらへ来てからは、アワビ、サザエの貝獲り専門です」

次は横にいる理髪店の平山さんの話。

「米蔵さんは下流から戸田へ行って潜水夫の仕事、この人は志州から戸田へ来てテングサ採り、そこで知り合ったんだよね。三つ違いの米蔵さんと恋に落ちてね。下流へ来たんですよ」

志州はもちろん、三重県志摩地方（かつての志摩郡）のことである。

「主人は、元は桶屋さんでした。父親も桶屋で中学出てすぐその職人になり五年ほどして潜水夫、潜水夫のあとは船造ってイカ釣りの漁師です。二隻あって息子も漁師をしています。桶屋だったから磯樽には不自由しなかった。タンポといいます。これを浮かして潜ります。その下にスカリという、獲った貝を入れる網袋を吊り下げてね」

豊饒の海

「下流で海女漁をした初めごろは、アワビもサザエも今よりうんと多かったですよ。たくさん獲れたから、タンポがゆさゆさと沈むくらいでした。それならもう少し大きい樽を作ってやろうと、直径を一寸ほど長くして、約三五センチはあるかな、そんなのを作ってくれました。ほかの海女さんたちも欲しがってね、私のも作ってよ、と言われて、随分作りましたね。カジメを刈るときは、大きい盥《たらい》のような桶でした。アワビを起こすのみなんかは、石鏡から取り寄せました。親類に鍛冶屋があったから、そこで作って貰いました。下流の漁協から、あんたの使っているのみは、長くていいから頼んでくれ、と言われてね。何本も注文したですよ。耳栓やめがねもそうだった。

ウエットスーツは最初は半袖半ズボンだったですね。初めのころは帽子なんかなかったしね。天竺木綿《じく》で磯着を縫いましたよ。一枚では寒いから、メリヤスの下着を重ねてね」

理髪店の平山さんが笑いながら話す。

「この人たちは分家で箸一膳から求めて行ったんですよ。新世帯だったからね、土地を買い家を建ててね。今は漁船二隻持ちだ。よく働いたですよ。海が稼がせてくれたんですね」

下流には以前は海女が三〇人ほどいたが、三年前に三人となり、そのあと肥田さんが止めて、今はたった二人だけである。男の、いわゆる海士は一五人ほどいるが、この人たちも毎日潜るというのではなく、口開けの日だけ漁に出るらしい。

「いい磯があっても、これだけ獲る物が減ってはね」

どの漁村でも同じ嘆き節を聞く昨今だ。

米蔵さんはスルメイカを釣る。一八〇メートルの綱に二〇本ほどの鉤《はり》を付け、動力の巻取機で曳き揚げる。昼間の操業である。昼間の操業であると、その日の夕方には出荷でき、翌朝の市場へ出せるから、鮮度はよく魚価は上がった。昭和三〇年代前半に漁具の改良が進んだおかげである。ただ、イカは海流、水温など海況の変化に敏感で、漁獲は不安定だ。今夏（二〇一七年）、漁獲は少ない、と言う。多い年には一日の水揚げ高は、二〇〇キロはあったらしい。下流でもイカ釣り船は減り、三隻ほど、石廊崎《いろうざき》から下流までで五隻ぐらいだろうという話であった。

「今年は少ない。値はいいんだけど、売るほど釣れないからね」

まさ子さんはこのように話す。庭で愛用していたタンポとスカリを見せて貰った。漁船名は米丸である。日陰の庭に船名を書いた箱や漁具がたくさん置かれていた。

石鏡から来た海女がもう一人いた。手石の家を訪ねた。庭に古い手押しポンプの井戸があった。鈴木ふさ枝さんに会った。耳がほとんど聞こえない。いっしょに住んでいる娘さんが、母は昭和六（一九三一）年生まれです、と告げる。ふさ枝さんの耳元で私の質問を取り継いでくれた。

鈴木ふさ枝さん

「七、八人ぐらいで石鏡から来ました。こちらの人が浦を買って（ここでは地区のテングサ採取の権利を買うということ）、その人が海女を連れて来たんですね。毎年、あちこちへ行ってね。東伊豆だったけど、富戸《ふと》とか、八幡野《やはたの》とかね。そんな繰り返しだったの。

一八のとき、熱海の沖の初島へも行きましたよ。テングサを採ったですよ。熊野へも行ったね。夫は横浜で船に乗っていました。昭和二九年に結婚して手石へ来てからは、アワビやサザエを獲りました。小稲の漁場でね。私らの潜る小稲の漁場は下流よりうんと狭くてね。そして深いの。青野川の河口の弁財天岬からぐるっと南へかけて深い磯でね。その先を回ると小稲の湾、そこまでが私たちの漁場。うっかりして、ちょっとでも下流との境を越すと、そこは下流の磯だ、と言われたですよ。でもアワビもサザエもよく獲れた。タンポが沈むほど獲れてね。アワビ一〇キロぐらいざらでしたよ。三、四キロは毎日獲れましたからね。不思議なもので、サザエはよく獲れる年とそうでない年があってね。浦仕舞うとき（その年の漁が終わるとき）には、いっぱいいたから、来年の口開けのときは、うんと獲れるだろうと思って潜っても、ちょっとしか獲れないことがあってね」

ここまでは横に娘さんがいて、耳元で何度か尋ねてくれたのをまとめたものである。ゴムの耳栓が取れなくなったのに、医者へ行かず、自分で無理して取って、鼓膜を壊してしまったのだ、とふさ枝さんは言う。次は娘さんの話である。

「私の姉がこの先の中木という所へ嫁いだんだけど、そこのお姑さんは鳥羽の相差《おうさつ》から出稼ぎに来ていた海女さんでしたよ。その先の入間《いるま》にも、志州の海女がいたらしいしね。伊豆半島どこの浦浜にも来ていたんですよ。そしてそこの人と結婚したんですね。人の縁て本当に不思議ですね」

ふさ枝さんは杖をついていた。しかし、白髪は美しく、しっかりとした顔付きの年寄りである。何十年もの歳月、南伊豆の海と共に生きて来たすばらしい女性の姿があった。

大きなアワビの貝殻を見せて貰った。良ければ持って行ったら、と言う。いいのを選んで二つ貰った。

「志州では、これを神棚で使う器にしたですね。えびす貝と言いましたよ」

なつかしい昔の暮らしの思い出話をあとに、鈴木さんの家を辞した。

青野川河口から石廊崎へ

南伊豆町の浦浜を歩く旅を手伝って下さったのは、手石にお住まいの平井澄男《ひらいすみお》さん、みち子さんご夫妻であった。ハマボウの群生は青野川の右岸にあった。向こう岸には小さい規模であるが、マングローブが見られる、と奥さんが教えてくれた。マングローブとは、河口や潮間帯に見られる特

青野川河口左岸に見られる
ヒルギの群落（マングローブ）

異な植物群落で、潮水に強い。是非見たいと、車を左岸に廻して貰った。

そこはがっちりとした鉄柵で保護されていて、下へは降りられない。堤防の上から見下ろすだけであった。しかし、生えているのがメヒルギであれ、オヒルギであれ大変貴重な植生だ。私にとっては幸運であった。ハマボウもヒルギも好塩性で、南方系の植物である。黒潮に乗って、種が流れついたのではないか、そんな「海上の道」を想った。

「ここが日本の最北限だそうですよ」

手石生まれの奥さんのひと言。言葉の中に、誇りにしているといった気持ちが感じられた。

平井さんが奥石廊崎の展望台まで行ってみましょうと、自動車を走らせてくれた。幾曲りの坂道を登って展望台に立った。西に傾いた太陽がまぶしい。群青の海の中の大小さまざまな島が、みごとな自然景観を創り出している。眼下に遊覧船の白い航跡が見えた。切り立った絶壁の続く向こうに、ほんの少し、中木の集落が望まれた。伊豆の海岸は南に行くに従って美しさを増す。伊豆半島の南端に立って、そのことを思った。

（二〇一七・七・二八／『月刊 漁業と漁協』二〇一八年四月号）

南房総、浜荻の潮風の中で

——魚のひらきひと筋に

勝浦鵜原《うばら》から鴨川浜荻《はまおぎ》へ

ＪＲ外房線の特急に乗り勝浦駅で降りた。丸山隆一郎《まるやまりゅういちろう》さんの出迎えがあった。弟の正二郎《しょうじろう》さんと二人で、鴨川市浜荻で良品の魚のひらきを作っている。二人とは、合成洗剤をなくそうという運動が、全国的に広がった一九七〇年代後半以来のおつきあいである。

最初に出会った鵜原の明神岬突端近くの、アワビ稚貝の育苗施設の跡を見せて貰うのに、海岸沿いの道を走った。施設跡へ行く前、一つ手前の小さな港へ立ち寄った。そこは、隆一郎さんに会ってから、二三年ぐらいあとであったと記憶するが、偶然、磯で刈り採って来たヒジキを船から引き揚げて出荷している作業の最中で、大勢の人が立ち働いているのを目《ま》の当たりにすることができた。すばらしいヒジキが、次つぎと荷揚げされていたのである。今回訪ねた日は港に人影はなく、漁協支所も無人であった。

「最近は、どこの浦浜を歩いても人が少なくて、活気がいまいち、漁協は合併してもね」

このように言う私に向かって、

「内容が良くて合併した漁協は、あまり無いようだから」

アワビなどを蓄養する活舟《いけぶね》を見る。
鵜原のアワビ種苗施設で（1977年ごろ）

隆一郎さんは笑いながら、このように相槌を打つ。かつての種苗施設は閉鎖されて、古びたまま潮風の中にあった。

「私が勤めはじめのころは、まだ海岸の道はなく、浜を磯伝いに歩きました。資材を運ぶのが大変だったですよ。アワビの稚貝も第一回目は試験場もびっくりするほどの数ができたんだけど、二年目から、ぐっと成績が落ちましてね。原因は何だろうと、いろいろ考えました。稚貝を育てるビニールの並板トタンを、合成洗剤の入った水で洗ったため、その毒性でアワビの幼生が死んだのか、と思い付きました。漁協で一〇年勤めたあと、父の家業の水産加工の仕事を手伝うことになりました。魚の干物を作るのが主な仕事なのですが、とにかく、添加物は一切使わない、安全第一の製品にこだわり続けて、現在まで同じことの繰り返しなんですよ」

車中では、このような話が続いた。

丸山兄弟の仕事場は、外房線安《あ》房《わ》天津《あまつ》駅から、少し西の方へ進んだ浜荻の町の中心、南房総の海の波が打ち寄せる岸辺のすぐ近くにある。弟の正二郎さんが待っていた。仕事場の大きな扉を開けて、久闊を叙した。話を聴く前に、磯のそばから海を眺め、浜荻の港を見た。小さい漁協の魚市場が西前方にあった。目の前に古いビルが一棟、海に向かって建つ。漁民マンションだ、と聞いた。古びて、いかにもわびしい。それでも、幾つかの部屋は使われているのだろう。ベランダには洗たくばさみがある。沿岸漁業の「今」を示しているような雰囲気であった。
昼間は魚をひらくステンレスの作業台を囲んで、干物作りにかける心意気を聴いた。

二人の話

「昭和二六（一九五一）年一月一日生まれ、二人ともね。双子なんです。戦前戦後の流行歌の収集やら、絵を描くことやらいろいろ趣味は多いですよ。家業の水産加工はおじいさんの代からだから、私たちで三代目。父のころは、隣近所のおばさんたちを雇ってやっていました。お昼にはカレーをたくさん作って、振る舞っていました」（正）

兄の隆一郎さん

弟の正二郎さん

「うちは、サバ節、サバのひらき、イワシの煮干、ヒジキなどいろいろやっていました。サバ節はかびつきまでしましたね。私たちが小さかったころは、地元でもサバがたくさん揚がりましたからね。主に一本釣りのもので、大きなサバでしたよ。巻網を沖で始めてから、サバは次第に獲れなくなってきました。

地元では獲れなくなったし、水揚げが減って値段も高くなりましたから、加工屋の方も段々と減って行ってね。それでも現在、千倉《ちくら》や鴨川などでは製造しています。昔からよく知られた房州のサバ節ですね」（隆）

「小さいころの煮干の加工のこと、覚えていますよ。夕方、船が港へ来てイワシの水揚げが始まります。漁協からそれを買って、もちろん、戦後なんだけど、大八車で家まで運んで来て、夜通しイワシを煮るんです。ときどき、ガラガラというチェーンの音がしてね、その音で目が覚めました。朝、煮上がったのを干すんですが、イワシの中に赤くなったイカの小さいのや、イワシ以外の小魚を見つけては、つまんで食べたですよ。少し塩味があって、うまかったのを覚えています。小学校へ行く前に手伝いをしましたね。私たち二人をいっしょに育てたのだから、母は大変だったと思いますよ。おばあさんもいたけど、みんな加工の仕事をするわけですからね。私なんか、赤ん坊のころは、母の背中に負ぶさって、その背中越しに、煮干をひろげている様子を見たわけでね。寒いときだったから、母の背中がとても温かだったです」（正）

「私はおばあさんの背中にいたのかな。私たちが子どものころは、本当に忙しい毎日でした。とにかく魚がたくさん揚がりましたからね。港も活気がありました。サバといわず、イワシ、キンメダイ、アンコウ、ムツなんかが、いっぱい獲れました。目の前が、豊かな海そのものだったですよ」

（隆）

「中学のころは、冬になると脂ののったサバのひらきを、毎日のように作っていました。天日で乾かして夕方になると、近くの運送屋が集めに来ましてね、東京の築地の仲買業者へ送っていました。当時、サバのひらきは、木箱に緑色の紙を敷いて、その上に詰めていたんです。木箱は釘打ちで板を組み立てますが、作るのを手伝って、一箱いくらというように、小遣いを貰いました。浜荻には加工屋さんが多かったですが、そのあと段々と魚の水揚げが減って、それにつれて加工屋も少なくなりましたね」（正）

二人は同じ高校に入学した。水産高校である。当時、千葉県には、館山《たてやま》、勝浦、銚子に水産高校があり、二人は勝浦の水産高校へ。二学期から商業科が加わって、勝浦高校となる。兄の隆一郎さんは製造科へ、弟の正二郎さんは漁業科へ進んだ。

「漁業科に入ると、ハワイへ行けるというから、入ったわけです。正月前に、県の練習船で日本を出て、ハワイに寄港し、マグロ延縄《はえなわ》漁の実習を終えて帰って来ました」（正）

「私は製造科を卒業して鵜原漁協へ入りました。そのころ、獲る漁業からつくる漁業へ転換するというのが、水産界の動きでした。私は高校では水産生物クラブに入っていて、クラブの顧問の先生から、いろいろな影響を受けました。鵜原のほか、勝浦の川津、御宿《おんじゅく》、大原といった現地で観察をしました。クラブ活動では、夏休みも冬休みもなく、家から勝浦まで毎日通いました。鵜原の組合へ入ってから、クロアワビの種苗生産に取り組みました。それは、陸上の水槽で三センチぐらいまでの稚貝に育てる仕事でしたが、この仕事について、高校での水産生物クラブで、実習したり観察したりした体験が大いに役立ったと思います。水産生物クラブが目的としたことは、地域に貢献す

ること、このことだったし、顧問の先生はいつもそのことを、私たちに言われていましたね」（隆）
「私は、千倉町にあった川口漁協の職員に採用され、組合に入りました。高校を卒業するころ、よく外房の沖で船が遭難しましてね。そんなこともあって、親たちが船に乗るのは止めよ、としきりに言ったものですから、漁協の職員になったんです。川口漁協での仕事は、アワビ、サザエ、イセエビ、ハマグリなどを蓄養して、それらを出荷販売することでした。組合に入ってからは、浜荻からは通いきれませんので、蓄養場の宿直室に住み込んでいました。そのころ、休みは月に一回ぐらいでしたね。職員のときに、NHKテレビの「明るい漁村」という番組のモニターもしました。川口さんも何度か出演なさった、あの朝の番組ですね。番組を見て、レポートを書くことでしたが、休みがないことや、仕事が朝早くからだったので、このモニターは一年ぐらいでやめざるを得なかったです」（正）
「それは私も同じようなことで、当時の鵜原漁協の種苗施設は小さな半島の突端の明神岬の近くにあって、そこでアワビの種苗を育てていました。施設の中の管理棟、最初のころは小さな建物だったんだけど、宿直ができるようになっていたから、そこに住み込んで仕事をしましたね」（隆）
「私たち二人がそれぞれ漁協の職員で親から離れていたころ、外房では段々魚が獲れなくなって来ましたので、父は、今までやっていた浜から魚を仕入れて加工をする仕事に見切りをつけたんです。それで、隣の鴨川市にある大きな加工屋さんに、浜荻の親しい加工屋仲間数人と、委託（下請け）の仕事を頼みに行きました。当時は冷蔵施設がなかったから、キスをひらいたり、コノシロ（コハダ）の酢漬などの加工をして、毎日、鴨川の加工屋さんへ納めていましたね。仕事が増えて来て喜んでいたんですが、加工原料の外箱には、英語で書かれたものが多くなって来て、何と読むのかよく分からない、といつも言っていましたね。そんなこともあって、いつかは丸伊商店を継ごうと思っておりましたから、思い切って八年目で川口漁協をやめたんです。兄貴もその二年あと、一〇年目で鵜原漁協をやめ、いっしょに父を助けようと、水産加工に加わりました。冷凍庫を設置して、以前のように近所のおばさんたちを雇って、本格的に仕事を始めたんです。兄弟二人がいっしょに働き始めた、つまり、丸伊商店の再スタートだった、と言えると思いますね」（正）

「店の名前は、以前は丸伊商店でした。おじいさんが、丸山伊兵衛という名前だったので、丸と伊をとって、丸伊商店としたんです。私たちの代になってから、今風の、丸伊、だけに変えました」（隆）

あれから四〇年近くになろうとしている。今は丸山兄弟二人は、アジやサンマをひらいて、塩をして天日で乾かす、という、本当の魚の干物作りひと筋にかけている。「本物」を作る苦労はこれからも続くのである。

干物作りひと筋にかける

「三十にして立つ。四十にして惑わず。五十にして天命を知る」。これは『論語』の中にある言葉。隆一郎、正二郎さんの二人は、まさにこの言葉通りの生き方をして来た。父親のあとを継ぐ、つまり、そのことを天命として日夜、食品を作ることひと筋にかけて来ている。天命とは、天のさだめごと、人間の力をこえた運命、と岩波文庫の『論語』（金谷治訳注）には書かれている。天日で乾かす干物作りが仕事の基本です、と二人は言うが、きょうまでの道のりは、平坦なことばかりではなかった。

「二人でやる仕事の量は、当然決まってきますから、安くて安心して食べられるもの作り、これだけにこだわっています。それにはまず、塩、ですね。自然塩を使うこと、塩にこだわりを持って、良い製品を作るということです。もちろん天日干しですから、雨の日は休みになりますね。塩は海水を天日で蒸発させて、乾かしたもの、と言えば良いのかな。それだけを使っています。こだわりの干物を作って来ました。最初は、合成洗剤追放運動で知り合った、船橋市の「船橋消費者の会」といっしょになって、私たちが作った品物を、会を通して売り始めたことが、大勢の消費者の手に届くきっかけになりましたね。

作った品物を少しでも大勢の人の手に渡るように、市民運動をしている団体へは、こちらから出向いて行って、説明会などをやりました。そんなことが何度もありましたね。

塩辛いという味ではなくて、丸みのある、食べて口にやさしい味、それひと筋にやって来ています。口にやさしい、というのが、体にやさしい、ということに繋がる、と思うからです。

ひらきは、塩を溶かした水に入れて、塩味をつける、たてじお、という方法ですね。一般の家庭では、魚の上へ塩を振り掛ける、振り塩が多いでしょうけど、たてじおですと、まんべんなく塩味がつきますし、塩をして置く時間が、振り塩よりうんと短いですから、作業の短縮につながります。

魚の大きさや脂の乗り具合で、漬け込む時間が違いますが、アジ、サンマのときは、五分から大きいものでも一五分ぐらいでいいのです。最近は、減塩の時代で塩辛くないのがいい、というのが消費者の傾向でしょうか。サバなら二〇分ぐらいかな。塩の量は、そのときの魚の状態やら、暑いとき寒いとき、いろいろ微妙な違いが出て来るし、どの塩を使うかで味に差がありますから、ひと口にどれだけの塩を入れる、と言うことはちょっとむずかしい。ただ、たてじおのときは、二枚に開いたのを漬けますから、中骨のある身の方より、ない方がちょっと塩辛くなるという理屈だけど、それほどの差はないと思いますよ」（正）

「私たちの干物づくりは、天日干し、これを貫いています。だから、その日のうちに乾かさなければいけない。天気予報を見て、晴れの日しかやらない。ありがたいことに、最近の天気予報、ぴったり当たりますからね、以前のように狂うことがなくなったから、仕事の段取りはつきやすいですよ。大きな加工業者は、ほとんどが機械乾燥だと思います。天気に左右されないから大量生産ができます。でも、私たちは、御天道《おてんとう》さまが頼りですね。それと、前がすぐ外房の海だから、干物の乾燥に潮風が一役買ってくれています。とにかく午前中が勝負ですね。魚をひらいて、エラや腸《はらわた》を取り除いてから、血出しをして、水切り、そして、たてじおに漬けます。天日干しだから朝は早いですよ。

大きい所では、漂白剤や酸化防止剤なんかを加工するときに使っている、と聞きますけど、私らは一切そのような添加物は使わない、無添加でやっています。いいものを作れば、必ずお客さんの方から、おいしかったよ、と言う声が掛かるんですよ。そのひと言が嬉しいし、励みになりますから、製品にするまで、手を抜かないこと、この初心をずっと貫いています」（隆）

「仕事の手順から言えば、乾いたらすぐ冷凍して保存ですね。いつもうちの干物を買ってくれる人が、知り合いに丸伊の干物だ、と言ってあげたことがあったらしいです。貰った人が言うのには、ほかの干物と食べ比べたら、丸伊さんの干物が一番おいしかった、と言っていた、と知らせて下さったことがあってね。そんな反響が何よりも有難いですよ。頑張っていることへのご褒美ですからね。お客さんには、天日干し、塩味良好、と言うことが分かって貰えたわけです。

一般の人はもちろん、白浜や勝浦などの旅館や民宿などにも、たくさん買って貰っていたんですが、かつてのような観光ブームも過ぎ去ってしまって、民宿はどんどん廃業して行ってね。最近は、宅配便で送ってくれ、と言われる個人のお客さんが多くなりました。また、房総土産として、うちのひらきをいっぱい買って行って下さる人も大勢いますよ。

私ら二人とも、音楽好き人間なんです。魚をひらいている間は、もっぱら、モーツアルトの音楽を流してね。それを聴きながら仕事をしているんです。時にはセレナードであったり、ディベルトメント、また、時にはクラリネット協奏曲だったりね」（正）

「太陽と潮風、自然塩とモーツアルト、それらが、干物の旨みを引き出してくれるのではないでしょうか」（隆）

「天日に干すことで、エコな干物ができるのだ、と言えるかも分かりませんね。この道をひと筋に、私たち二人はこれからもまっしぐらです」（正）

ヒジキのことなど、雑談の中で

話し込むうちに、日は暮れた。ストーブの上の湯に温めてある、缶コーヒーを開けて、三人思い思いにそれを口にする。話は続いた。鵜原の港で見た、いつかのヒジキの水揚げ（磯で刈り採ったのを船で運んで、岸壁に止まっているトラックに積む）の、賑やかであった様子を、二人に話した。

「千葉のヒジキは軸が太いから、うまいです。塩抜きして加工したり、塩抜きしないで、そのまま干す加工屋さんもあります。父の代では、ヒジキの加工もしていましたが、今は塩抜きをしないで乾燥したものを、仕入れて販売しています。今年（二〇一七）のヒジキは、生育が悪かったのか、水揚げが少なくてね。でも、値段の方は、今までで一番高かったですよ」

正二郎さんはこのように言う。

「それは、三重県あたりのアオノリでも同じことが言えるようですよ。アオノリは養殖がほとんどだけど、海の環境の変化か、二〇一七年の生産量が少なかったので、値はうんと上がりましてね。生産者は、値が良かったから助かった、と言っています。大半が、のり佃煮の原料になるものです」

磯で刈り採って来たヒジキ。
外房のヒジキは軸が太く美味である（2000 年 3 月）

話題は弾む。次は隆一郎さんの話である。

「外房のあちこちでは、サバ節、カツオ節を今も製造していますよ。東京の卸問屋に出荷していますね。昔、紀州の漁師が房州へ移り住んで、カツオ節の造り方を教えたのが始まりらしいですよ。千葉でも紀州と同じ地名があってね、白浜や勝浦なんか、その名残だ、と言います。

父の代までは、サバ節、カツオ節を作っていましたが、私たちの代、丸伊、になってからは、ひらき類や魚の切身などを主に加工しています。

浜荻の磯では、アワビも獲れますが、獲るのは男の人で、つまり海士《あま》たちです。

貝類では、ハマグリのいいのが獲れる砂浜が、この先にあります。東條海岸と地図にも出ていますが、あそこはサーフィンの本場でもあるんだけど、ハマグリの漁場としては、外房で有名な場所です。

江戸時代に大岡裁きというのがあって、あの大岡越前守が、東條村には田んぼがあるから、百姓ができるけど、浜荻村には水田は少ししかないから、一般的には地先の村に漁業権がありますが、ハマグリ漁に関しては、東條村ではなくて、浜荻村に漁業権を与えよう、という生活に基づいた有難い裁きをしたんですね」

正二郎さんに包丁のことを訊《き》いた。持って来て見せてくれたが、意外に小ぶりな刃物であった。

「ひらき用の包丁はこれ一本、鯵《あじ》切り、と言っています。研ぐのは、砥石ではなく、ダイヤモンド入りのやすりですよ。研ぎ出しと仕上げの二つですね」

正二郎さんはこのように説明しながら、やすりで包丁を研いでみせてくれた。

古い写真を見せて貰った。四〇年も前のもの、私と隆一郎さんが並んでいる。お互い若かったな、と笑い合った。足元に、小さな舟が置いてある写真である。アワビやイセエビなどを、一時的に蓄養しておくもので、活舟《いけふね》という、と教えられた。

仕事場の椅子に、何枚かの絵が置いてある。私を歓迎しての演出であろうか。近づいてよく見ると、それは、毛糸で刺しゅうした絵であった。丹念に一針一針、刺しゅうをして絵に仕上げたものである。

「この原画に、川口さんご記憶あるでしょう。あなたの本の『とれとれの魚』（径書房刊）のとき、頼まれて描いたカツオですよ。挿絵に使って貰いましたね。そのあと、当時、明石の林崎漁協におられた鷲尾圭司さんから電話があって、こんど朝日新聞から出る、『ぎょぎょ図鑑』というエッセイ集に、あなた方の魚の絵を使いたいと言われましてね。何枚か描きました。『ぎょぎょ図鑑』はとっても愉快な本でした」

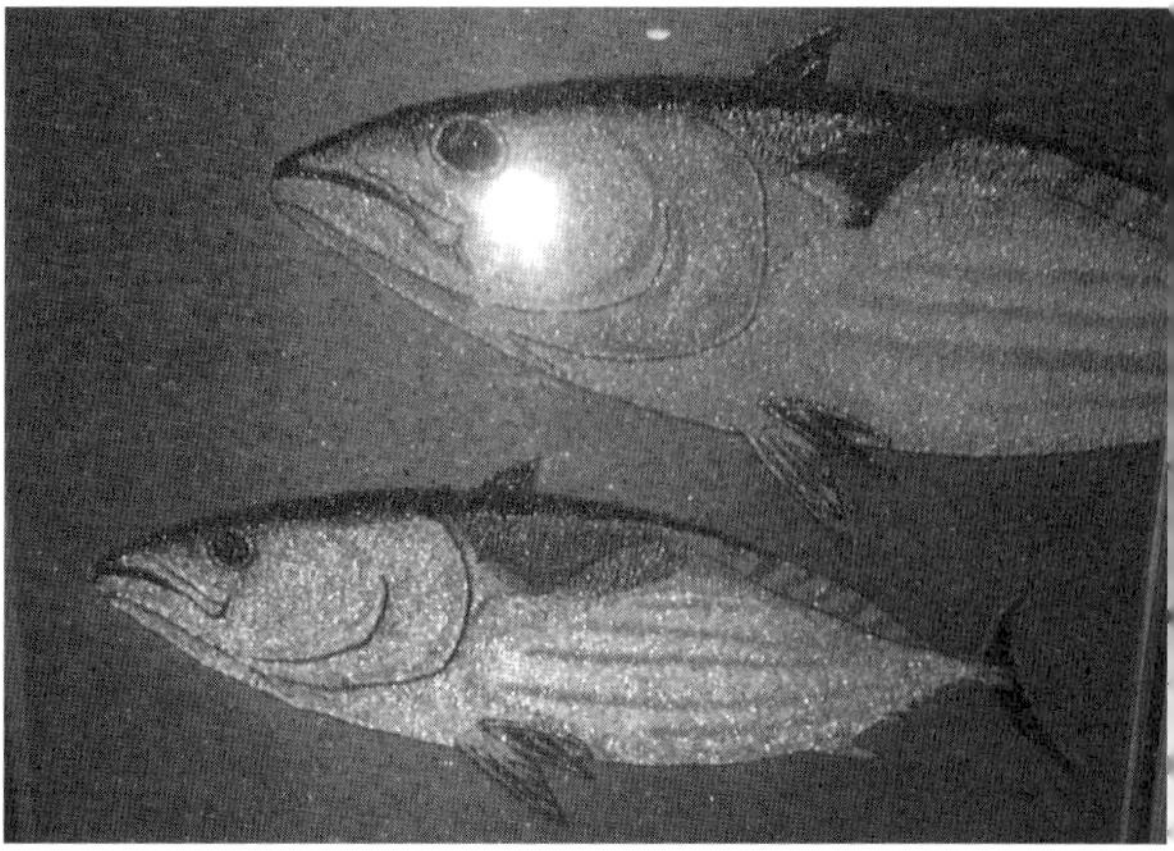

拙著『とれとれの魚』の挿絵のかつおの原画から、
毛糸で刺しゅうした隆一郎さんの作品

　隆一郎さんの話を聴きながら、当時のことを思い出し、長く変わらぬ人との縁の不思議を思った。隆一郎さんは、市が主催する成人学級の「絵画毛糸刺しゅうサークル」の講師として、地元の人びとのために一役買っている、と話す。正二郎さんは、お土産の代わりだ、と言って、藤山一郎のCDを手渡してくれた。

　とっぷりと暮れた浜荻の町を抜けて、私は、天津小湊の駅から列車に乗った。二人はプラットホームまで見送りに来てくれる。ご繁盛を祈っていますよ、と別れの挨拶をしたら、川口さんもいつまでも元気で頑張って下さい、と二人から握手を求められる。勝浦で特急に連絡する列車である。その夜、外房線天津小湊駅での乗客は、私ひとりであった。

（二〇一七・一二・七／『月刊 漁業と漁協』二〇一八年五月号、六月号）

相馬原釜の魚市場で
――アナゴのこと

相馬の岸辺で

福島の「浜通り」という地名は、東日本大震災以降、地震、大津波はもとより、原発の大事故もあって、日本中に知れ渡った。すでに七年目になろうとしている今（二〇一七年一一月）でも、しばしばニュースの話題として出てくる地名である。

浜通りの一番北に位置する新地町《しんちまち》を南に進み、地蔵川を渡って新地発電所の横を通った。高い煙突から吐き出される太い煙が青空に消えた。その先が原釜《はらがま》である。

道案内は山田徹《とおる》さん、新進の映画監督である。記録映画作家として、大震災のあと三年半、新地町の漁師たちが、これからどこへ向かうのかを取材し続けてきた人である。私を助手席に乗せて走った日も、町の大勢の人たちから親しく声を掛けられ、愛用のカメラで海を撮り、漁船を写し、帆柱に旗めく大漁旗を見上げ、そして浜に暮らす人たちの姿を追っていた。今も浜歩きは続いているという。三年半の成果は見事なドキュメンタリー作品として結実した。題して、『新地町の漁師たち』という。

この映画は、津波と原子力災害によって生じた様々な軋轢や葛藤の中で生きる福島県漁業者たちの合意形成を巡る交渉の記録である。

監督本人から貰ったパンフレットには、このように記されている。山田さんが初めて監督した作品は、「第三回グリーンイメージ国際環境映像祭」で、グランプリを獲得した。ドキュメンタリー映画作家だから、煙草でもくわえた気難しい風貌の人ではないか、と会うまでは気がかりであったが、何とも穏やかな人柄で、中に秘めたる闘志はあるのだろうが、原釜への道すがら話すことは、苦労話はどこへやら、淡々と撮影する人、そんな若手の映画作家と見受けられた。

松川浦《まつかわうら》大橋が前方に望める所まで来た。左手に大きななまこ壁のあるちょっと古風な感じのする建物を見た。建物の壁に、「相馬原釜地方卸売市場」の文字があった。魚市場である。大震災のあと整備されたのだろうか、岸壁が大きく見事だ。宮城県の気仙沼《けせんぬま》の市場に負けない、と呟いたら、そうですかね、と山田さんは応じた。

コンクリートの庭を隔てて、相馬原釜魚市場買受人協同組合の一棟があり、奥には組合員それぞれの事務所がある。前の卸売市場で買い取った魚を、地方の業者に売る仲買人同士の建物であろう。事務所の前は、買い入れた魚を仕分けする作業場で、三和土《たたき》が広がっている。その日は休日で、卸売市場の方はひっそりとしていたが、仲買の人たちは、思い思いに仕事をしていた。アナゴの水揚げが続いているらしい。作業台でそれを裂く人、二つ並べた水槽からアナゴをタモ網で掬《すく》って移す人など、仲買人によって作業が違う。

ここでも山田さんは、顔見知りの人がいる、と言い、近づいて言葉を交わす。私も後ろについて行って、水槽を覗かせて貰った。山田さんの知人は有限会社の魚問屋の社長で、その人は飯塚哲生《いいづかてつお》さん、若い人である。気安く話に応じてくれた。

「業者によって、出荷形態はいろいろですよ。裂いて出荷する、頭だけ落として出す、私の店のように、活魚で出す、ざっと三つの出荷の形がありますね。生きで出すのは、袋に海水を入れてエアレーションを装置したのを、箱詰めにした荷姿で出荷します。アナゴは獲って来たすぐは生臭いですから、しばらく水槽で泳がせて、臭いを取ります。食っているものを吐き出すから、こんなに海

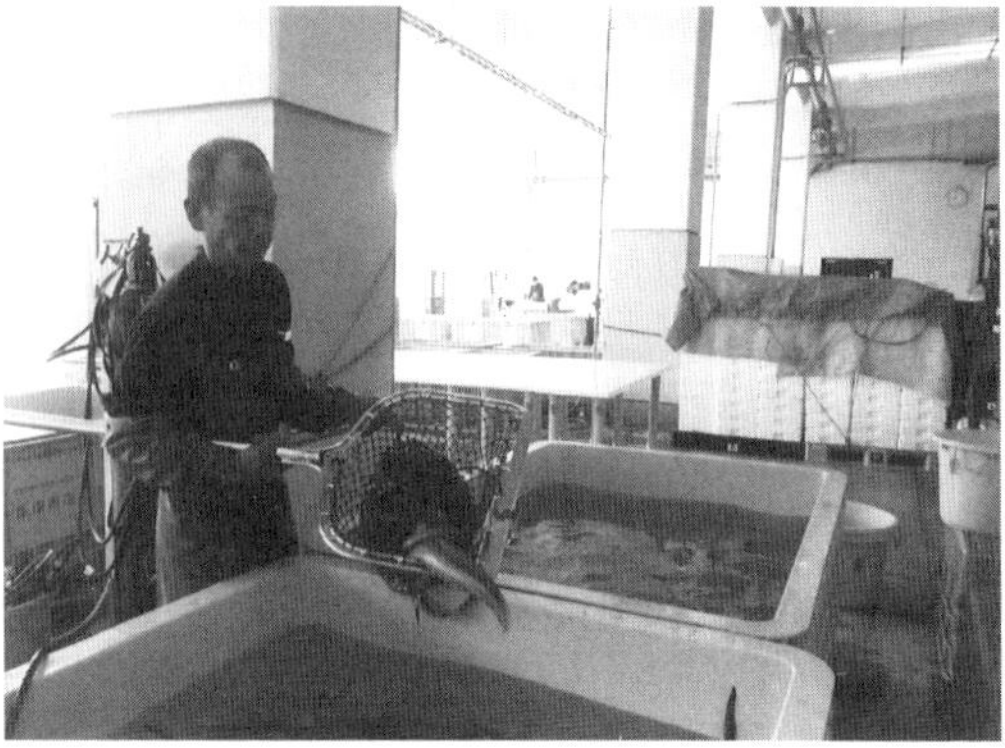

アナゴを新しい海水の水槽に移す

特大のアナゴを裂く

水が汚れます。それを次の水槽に移して、三日ほど養生したあと、袋に入れるわけです」

福島沖でのアナゴ漁は、底曳きと籠網で獲る、と社長は話す。最近の買い入れ相場は、一キロ当たり一〇〇〇円前後、と告げた。

隣の問屋は裂いて出荷するらしい。作業台で手早くアナゴを開いている。近づいて行って声を掛け、写真を撮らせて貰った。とにかく大きいのである。俎板の上のアナゴは体長六〇センチは優にある。長いから太い。それを一息にさっと裂く。

目打ちで俎板にアナゴを固定し、背開きにする。出刃を中骨の上をすべらせながらさっと開く。腸を取り除き、下の身から、中骨を起こすようにして取る。布で汚れを拭けば仕上がりだ。目に物見せぬ早業と言うべきか。

臭いに誘われたのか、カモメが群れて三和土を歩く。落ちている魚の切れ端などを、ついばんでいる。馴れたもので、近づいても飛び立とうともしない。作業の水で濡れた三和土が、午後の陽ざしで白く光った。

アナゴ讃歌

アナゴは普通マアナゴと言われる。北海道以南の日本各地の海に生息している。内湾や沿岸の水深一〇〇メートルぐらいまでの砂泥底にいる。昼間は砂の中に潜っていて、夜間活動して、エビなどの甲殻類や小魚を捕食する。体全体をくねらせて泳ぐ。似た魚にハモがある。ハモは頭が大きく、口が大きく裂けている。アナゴは頭が小さく、口元がハモよりかわいい形だ。東京湾や瀬戸内海のものは味が良い。東京湾の羽田沖で獲れるのは絶品と言われ、昔から評価は高い。「江戸前のアナゴ」である。

アナゴはウナギより脂味が少なく、あっさりとしている。天ぷら、かば焼きのほか、蒸し物など、用途は多い。随分以前のことだが、姫路市の駅前で食べたアナゴずしの味は、今も鮮明によみがえる。柔らかく舌にとろけるアナゴの身がうまかったのである。豊潤な味を口にして、魚食の民であることの幸せを思った。姫路市の漁協を訪ねたとき、昼食に飛び込んだ店であった。

天ぷらもよい。エビ天とともにひと皿の中では欠かせぬ主役であろう。伊勢湾の鈴鹿には、アナゴの天ぷらで名を売った店もある。大きな皿の上に、左右はみ出して横一文字に、長いアナゴが盛られている。

魚の事典などでは、体長八〇センチにも達する、と書かれているから、あの日、相馬の魚市場で見た六〇センチ大のものに、驚くことはない。しかし、もう少し小さい方がおいしい、と思うのは、筆者の勝手だろうか。早春、柳の葉に形がよく似た透明な稚魚が、沿岸に集まって来る。これを高知では、ノレソレと呼び、生のままを春の味と舌にのせる。兵庫の明石では、それをハナタレと呼ぶ、とは、鷲尾圭司さんの快著『ギョギョ図鑑』（朝日新聞社・一九九三年）の中にある。ギョギョとは「魚と漁」のことだろう。

北斗書房が以前に出版した、『漁村歳時記』（宮城雄太郎著）に、アナゴのことが少し書かれていて、「日本海側ではハモといっているアナゴも」、とある。前日訪れて話を聞いた新地町の漁家で、アナゴ丼をご馳走になったとき、けさ獲れたハモだ、とアナゴのことを言っていた。このことにつ

いては、柳田國男が、その著『一目小僧その他』の中で、

宮城県の一部には鱧をアナゴ、穴子をハモといふ海岸があることは私も知つてゐる。

と記述している。新地町のすぐ北隣は宮城県である。

何冊かの俳句歳時記でアナゴの句を探すと、瀧春一《たきしゅんいち》の次の句が、どれにでも採られている。アナゴを季題にした代表句というところか。

港を出る船のあかるさ穴子釣

である。この人は短歌から俳句に転じた人で、水原秋櫻子の門に入った。庶民性が感じられる句が多い。「船のあかるさ」といい、句もまた人なりといえよう。

半日に満たない山田さんとの「相馬原釜駆け歩き」であったが、そこでの予期しない人との出会いが、今回も新しい話題に繫がって行った。駆け足であっても、歩くということがドキュメントを書く上での基本と言えよう。

見知らぬ他人と、それぞれの思いと経験を自由に話し合うとき、初めて人は世界の多様さを知る。

この一文は、高橋源一郎さんが、朝日新聞に寄せた随想の中で（二〇一七年一〇月二八日）、ドイツの思想家ハンナ・アーレントの著書から引いた記述である。

「仙台の劇場で、一週間の上映が決まりましてね。初日には舞台挨拶をしないといけない。まだ決まっていないのですが、誰か適当な人にゲストを頼み、いっしょにトークイベントをしよう、と計画しています。中国の上海での上映も決定しましたから、上海へも行って来ます。東京の練馬に住んでいますが、浜通りの漁村のあちこちも、これからずっと歩き廻りますから、どこが生活の本拠か、分からないぐらいです」

帰り道、山田さんはこのように話す。笑い顔の目は澄んでいた。若い映像作家も、「見知らぬ人と出会い、世界の多様さを知る」のだろう。初めて出会った監督の厚意に甘えての相馬原釜行きであった。人通りの少ない相馬駅前で私を降ろした。手を振り、笑顔を私に向けて、若い人は一気に走り去って行った。

（二〇一七・一一・八／『月刊 漁業と漁協』二〇一八年七月号）

浜通りの漁村に暮らす
——福島県新地町での話

東日本大震災の大津波被害を蒙《こうむ》って

「私は中学、高校、それから茨城県の日立の関連会社の社員のときも、ソフトボールをしていましたので、体は丈夫で力もある、という自信はありました。でもね、まさか隣の県の漁業という、しんどい家業の人と縁あっていっしょになるとは、夢にも思わなかった。私はこの少し北の亘理《わたり》という町の出身です。宮城県の農家から、福島県の相馬郡新地《しんち》町《まち》の漁師の家へ嫁に来ました。私の家はイチゴ農家でした。昭和四五（一九七〇）年、街ではミニスカートが流行していました。高度経済成長期だった。菅野《かんの》の家はね、三世代一〇人の家族で、漁師のことは勝手が分からなくて、初めのころは地獄のような生活と言いますかね、大変だったですよ。旦那は男五人の兄弟の長男だからね。食事の支度はもちろんのこと、朝早くから船を出すんですよ。浜に揚げてある船を出すんだけど、シャという椿の重い板に、サメの脂と廃油を混ぜた、ここでは、ベトと呼んでいる油を塗って、船がすべりやすくします。そのシャをずっと並べて船を押し出します。一メートルぐらいの間隔に並べて、船をゆすりながら海へ降ろすんだけど、慣れるまでは大変だった。夜がまだ明けないうちだから、懐中電灯つけてね。船が海へ出たら、シャを一本一本上の方へ運びます。油が塗ってあるから、手がべたべたでね。

船が漁から帰って来ると、またシャを並べて、それが流されないように足で押さえて船を引きました。よいしょ、よいしょと掛け声を出して、後ろから押す、前で引く、ズボンを脛《すね》までまくり上げて引っ張りました。素足ですよ。海の水が冷たいときは、脛が真っ赤になりました。冷たいなんて言ってられない。船が揚がると網に掛かったカニやシャコがいっぱい。嬉しいやら悲しいやら、網からそれらをはずす仕事が待ち受けていますからね。そんなことの繰り返しの五〇年でしたね」

菅野いな子さんは、初対面の私に一気にこのように話した。新地町の大戸浜《おおどはま》という漁村、一一月初めの夕方であった。東日本大震災の津波で浜の近くにあった家は大被害を受けて、最初、小学校の体育館に避難、のち新林という所の仮設住宅の一棟があてがわれ、そこに三年余りいて、今、やっと新築の家に住めるようになった、と語る。

「あっと言う間だったからね。三〇秒の違いで命捨てずにすみました。こんな小さな町で亡くなった人は一一〇人を超えるんだから。まだ見つかっていない人が何人かいるんじゃない。

うちの旦那、六〇歳まで漁協の魚市場のせり人をやってたんです。川柳を作るんですよ。津波のあと、毎日、何句か詠んでいましてね。それを一枚一枚、紙に書きました。大勢の人が読んでね。それで励まされたと言ってくれる人もありましたよ。「亡き父母の安否尋ねる声悲し」、これなんか、最初のときの一句だと思いますよ。地震のあとは真っ暗でしょう。懐中電灯もなくしてしまってね。うちのおっ母《かあ》見なかったか、知らないか、と尋ねられて、辛いことばっかりでしたね」

筆で書かれた一句一句を見せて貰っている所へ、夫の幹雄《みきお》さんが顔を出してくれ、三人の座談となった。一〇冊の書き留めの中から三句を拾う。

我が家見てただぼんやりと立ち尽くす
道端の野草でさえも食に見ゆ
避難船戻りて家も妻もなし

「最初はすべてを無くしてしまったから、涙、なみだといった気持ちが、どの人にもありましたからね。私は素人なりの腰折れを、日記のように、その日その日、思ったことを、五・七・五であらわしたんですね。川柳といえば、世の中を皮肉るとか、風刺するとか言われますが、私のは、大震災でやられたあとの毎日の暮らしの中から、ふと口をついて出る言葉を五・七・五にまとめただけなん

新地町大戸浜の自宅で津波のことを話す菅野いな子さん

魚市場でのせりの様子を語る菅野幹雄さん

ですよ。一〇〇〇句詠みました。

　私は二八歳から魚市場のせり人をやっていました。六〇歳の定年になるまでです。家内より二歳上の、昭和二二（一九四七）年生まれ。戦後のベビーブームの子だくさんの時代。長男で下に四人、弟がいます」

　幹雄さんのこの話に、いな子さんは次のように話を続けた。

「シャコもいたし、ワカメが浜にいっぱいになるくらい採れました。砂に干すから砂ワカメと言いました。ワカメを裂いて干します。軸を裂いてね。天然ものだから品質がいいんです。それが津波以後は全然駄目なの。今は採っている人いない。採る人がいなくなったんだね。ホッキガイは今も獲れますよ。この貝はいわき市の四倉《よつくら》という所が南限だ、と言われていますね。ここからずっと南の、例の原発のある双葉町《ふたばまち》から、もう少し南に四倉町《まち》という所がありますよ。常磐線の駅もあります」

「二八からせり人をやりましたが、せり人の仲間はみな六〇、七〇といった先輩のベテラン揃いでしたね。要領を呑み込むまでは、とまどうばかりだった。当時は、カレイ、ヒラメが豊漁でね。六時には市場へ行って、魚の選別して、せりに掛けるんです。最盛期の昭和五〇年代には、小さな漁協だったけど、市場の扱い高は六億円以上ありましたよ。

　平成五（一九九三）年からは入札、紙の札を入れるようになりましたがそれまでは声出してせる、つまり値を上げていく方法です。せり人になったころは、獲って来た魚を樽からあけて、それをひと盛りずつに分けて、順番に値を決めて行ったわけ、つまりせったんですね。そのあと昭和四八（一九七三）年からは、ひと籠という籠単位になって、一キロ当たり幾らとせりました。初めは五〇円きざみで値を上げて行ったけど、あとは一〇〇円きざみになってね。三声か四声で決めました。これ位でいいだろう、と決める、それは私の勘でやりました。

自分の家の魚に自分が値をつけるのが、いちばん辛かった。うちのはどうして安いんだ、と息子によく言われたですよ」

これは幹雄さんの話だ。

「家内の私が魚を売りに出して、主人がそれをせって値段をつけて、主人の弟の嫁さんの親の家が仲買人だったから、そこが買っていました」

いな子さんのこの話に、二人は笑った。

「新地の海は、アワビ、ウニ、ナマコも獲れます。これらは潜水服を着て獲りますけど、平成六(一九九四)年からやり始めました。アワビはエゾアワビだけど、海にワカメ、カジメがあるからね。今年の夏は一キロ当たり八〇〇〇円ぐらいだったようですよ」

幹雄さんはこのように、最近の海の様子を教えてくれた。

一八メートルの船が垂直に立った

菅野さんの漁船は稲荷丸という。四隻目だ、と主人の幹雄さんが話す。新造するとなれば、五〇〇〇万円はかかるだろう、と言うことであった。そんな話をしているとき、外から帰った息子さんの光広《みつひろ》さんが、私たち三人の中に加わり、次のように話を継いだ。

「最近の船は装備に金がかかるから、七〇〇〇万円は必要ですよ。無線はもちろん、ロランや魚探、とにかく設備が多い。ひとまわり大きい船だと一億円は覚悟しないとね。私は高校出てすぐ漁師

2011 年 3 月 11 日の東日本大震災の津波の新地町の海岸での第 1 波
（菅野幹雄さん提供）

東日本大震災の津波で船もろともに
流れたときのことを語る菅野光広さん

になりました。昭和四七年生まれ。一九七二年だから四五歳です。新地には五〇歳以下の漁師は、今、二五人いますよ。漁船は八〇隻あったんだけど、減って現在は三〇隻ぐらいかな。今日まで、シラスを獲っていました。

大震災の日は、地震から津波が来るまで少し時間があったかな。静かだった海に一気に津波が来たんですよ。家から船のある港まで二キロある。車で五分かかってね。潮が引いていたから船を出すのがやっとでした。沖に出ました。潮の流れで押し返されたりしていたら、また波がどんと来る。三つ目にでっかいのがわあっと来てね。一八メートルもある船が目の前で垂直に立ったんだから。それでも引っくり返らずに元に戻りました。波の幅が大きかったから、それに乗ったんですね。あのときのことは一生忘れられない。

仲間の船が三〇隻ほど近くにいたから、船同士で励まし合って、一夜を過ごしました。次の日の夕方まで飲まず食わずだった。タバコが頼りだった。タバコがあると眠気覚ましになる。弟が違う船に乗っていましたからタバコあるか、と訊《き》いたら、あるあると言います。他の船の人も欲しいと言うから、三本ぐらいずつ貰って、一晩しのいだね。船を出すとき急いだもんだから、携帯電話をどこかへ落としてしまって、家へも連絡できなくてね。無線のある船から、助かったことを知らせて貰ったですよ」

「無線でやっとのことで連絡があったのよ。息子にどうだと言ったら、かろうじて生きている、と言うもんだから、余計心配になってね。あの日の朝、食べただけだからね」

母親はそのときのことをこのように話した。

「船から上がったところ、一面に水が溜まっていて歩けないから、皆で丸太で橋架けて、避難している小学校まで歩いてね。ご飯食え、と言うんだけど、そう言われても何も食えなかった。親父は安心したのか、しいんとしているしね。荒れ果てた家を見て、がっかりするしね。お父《とう》にタバコくれとだけ言いました。船の上では寒かったね。あのときのことはもう思い出したくもない。誰にも話したくなくてね。こんなこと、親子で他人《ひと》さんの前で話すの、今日が初めてでないかな」

「二〇〇五年に四二〇〇万円かけて家を新築したんですよ。五年住んだだけで、ひと波でパーなん

2011 年 3 月 11 日の大津波直後の、被害を受けた大戸浜（菅野幹雄さん提供）

大津波直後の大戸浜の被害。
残った家と漁船はその後の不審火により焼失した（菅野幹雄さん提供）

だから、泣くにも泣けなかった。大波が家の中くぐっていったから、流されはしなかったけど、取り壊しですよ。ケヤキの太い柱の家だったんだけどね。

大漁旗が一枚、天井に張り付いていたの。旗一枚がなくなった家の思い出ですよ。その大漁旗を明日の朝、港で稲荷丸に立てます。あんばさんのお祭りがあるんです。安波津野《あばつの》神社のお祭りで、新地の漁師が自分の船に、あるだけの大漁旗を、新しい竹に縛り付けて飾ります。あんばさんも津波で流されましたから、港のすぐ近くに新しく鎮座しました。明日の朝、そこへ漁師さんたちが集まって祈禱をしますすよ」

いな子さんは菅野家の宝物となった大漁旗を座敷に広げながら、次のように話を続けた。

「弥栄」の海へ

「新しい家に引っ越して二年たちました。それまで仮設住宅に居たから、早く建てたいという思いがしきりでね。今のこの土地が造成されているとき、どれ位宅地ができたか、何度も見に来てね。やっとの思いでここが当たって家を建てました。

新地町の棟上げでも、餅を撒きますよ。うちも撒いた、たくさん撒いた。餅撒いてね。ここは、大福餅を撒くんだね。それに抽せんというか、花くじと言ってますが、紙に、その日の祝儀の品物を書きます。ビールや酒、食用油とかね。魚はイナダだった。そんな品物の名を書いた紙にお金を包んで撒きました。おひねりですね。拾った人は紙に書かれている品物を貰って帰るわけですよ。

被害を受けて壊してしまった家は、自慢するようだけど、いい材木を使って建ててありました

大津波で被害を受けた菅野一家の居宅。
ごみなどを取り除いたあとの写真。そののち、取り壊された（菅野幹雄さん提供）

からね。一尺六寸の丸太で柱を造ってね。ケヤキをふんだんに使った家だったから、一〇〇年は持つと言われたのがね。五年で駄目になってしまった。

大地震だったからテレビがぐらぐらと揺れるんですよ。それつかんで柱にもたれて、お呪《まじな》いを唱えたんだけど、地震がおさまるまで何と長く感じたことか。本当に長いと思いましたね。地震があってから少し時間がありましたよ。一分前まで平常の海だった。それから一気に来ましたね。津波来んだべか、と家の階段登ろうとしたとき、父ちゃんに津波だ、と言われてね。すごい波だった。湾がないから波はまともですよ。一瞬のうちに、四二〇〇万円で建てた家が、大波で無惨にやられました。五年入っただけでパーになってしまったんだからね、何とも笑ってるよりしょうがない、そんな状態だったの。しっかり建ててあったけど、潮かぶっているから壊すよりしょうがない、と言われてね。せめて柱の部分だけでも、五年住んだ記念にしようと、玄関の上がり框《かまち》と床柱に使いました。

新聞の記事って力があるんですね。ああいうときだったから、読者の人も関心があったんだろうけど、私たちが避難所でみんな集まって生活していることが、朝日新聞だったか、ほんのちょっとだけど、記事になったのね。それ読んだ方から、いろいろな所からだったけど、救援物資が送られて来てね。ありがたいと思いました。日本中、いろいろな所から戴きました。中でも忘れられないのが茨城県のおじいさん、この人、初めて家庭菜園をして収穫したんだという大根をね、三本、葉っぱをつけて、それに小松菜が手いっぱいあったかな、箱に入れて送ってくれました。避難所に五〇〇人いるからね。初めて作った野菜だ、と手紙が入っていました。それも広告のちらしの裏使って書いてあるの。このとき、私、ひと様のご親切に涙が出ました。戴いた野菜は、茹《ゆ》でて小さく刻んで、みんなの味噌汁のお椀に、ほんのちょっとずつですけど入れましてね。みんなに茨城のお年寄りから届いたんだよ、と言ってね。本当にありがたいと思いました。私、給食の責任者だったの。他人同士の寄り合いだから、毎日、気を張りつめてね、世話をしました。他人の世話は難しい。うちのお父さんが詠んだ川柳に、こんなのがあるの。

出来そうで誰でもできぬ人の世話

経験して初めてわかることですよ」

次は息子の光広さんの経験談である。
「今、漁協の事務所を建てているんだけど、建てる前に、視察に行ったんだね。静岡県の清水の由《ゆ》比《い》だった。シラスを扱う施設がいい、ということで視察に行きました。そうしたら、こちらがいろいろ教えてほしいのに、逆に質問攻めですよ。南海トラフがどうの、といろいろ言ってますよね。そんな心配からか、質問攻めに合ってね。私、こう言いましたよ、船はほうっておけ、命が大事だから、とにかく山へ逃げよ、と答えました。どれ位の波が来たのか、と聞いたからね、あそこの建物より大きい波が来た、と言ったら、嘘でしょうと言われましたね。
津波の後、原発事故のおかげで海へは出られないし、これからどうなるのか、と考えるとやり切れなくてね。魚獲れないから、陸へ上がったカッパ同然、でも、そのあと、海の中のガレキの撤去作業に出ることになってね。しばらくはその仕事で収入を得たわけです。自分の船使って一日、三万円だった。燃油、油だね、それはあちら持ちだった。六年半たって、今ごろやっと漁師らしい仕事ができるようになった、というのが実感ですよ。空しい六年間だったな。これからはもっと大変だと思うけどね」

あのときのことは話したくない、この町の人間ならみなそうだと思いますよ、と光広さんは付け加えた。話しているあいだ好きなタバコは一本も吸わなかった。

新地の港は穏やかな朝であった。あんばさんの祭礼は朝七時から始まる。それまでに、各自、自分の船に、日の丸と大漁旗をきのう伐《き》って来たという、葉の付いた青竹に縛る。早い人は六時前から船にいた。一人増え、二人増えといった感じで、夜明けとともに、岸壁は活気を帯びて来た。

いつの間にか、菅野光広さんが稲荷丸の船上にいた。他船を圧するほどの飾り付けだ。日の丸が

仲間の漁船の中でもひときわ目立つ稲荷丸の吹き流しと大漁旗

一番上、次に大きな吹き流しが縛ってある。吹き流しは稲荷丸だけだ。小さな旗の下に、特大の大漁旗がくくられた。稲荷丸と染め抜いた三文字が堂々として、船の舳先《へさき》あたりに位置を占めている。幹雄さんもいる。御神輿《おみこし》も津波に流され新調したのだ、と幹雄さんは問わず語りに話してくれた。神輿をかついで町中を練る行事は今年はない、とのことであった。昼には、大戸浜地区防災コミュニティセンターで、炊き出しで鮭汁の振る舞いがあるから、食べに行こう、と誘ってくれた。朝明けの空の下で、色とりどりの大漁旗が美しかった。一陣の朝風に大小の旗がはためいた。

あんばさん、安波津野神社も祠《ほこら》は新しい。五〇人ほどの人たちが神主を待った。祭礼の供え物の中の魚は、大きな真鯛一匹と、鮭が二本、野菜果物など、特にほかと変わった感じではない。祝詞《のりと》のあと、小さな紙コップに御神酒《おみき》が僅か一口ほど注がれた。乾杯をする。集まった漁師さんたちは声を揃えて、「いやさか」とひと言、その大勢の声が相馬新地の海に消えた。「いやさか」は「弥栄」である。繁栄を祈って叫ぶ声だ。新地の海に、魚や貝が弥増すことを願って、私も勧められた御神酒を口にふくんだ。酒の香りで体が清められる気分になった。

周囲に何もないから建築中の漁協の建物がひときわ大きく感じられる。相馬双葉漁業協同組合新地支所、魚市場も併設されるらしい。向かい合うように、新しく出来た漁具倉庫が二棟。大震災まででは、この付近が新地の中心であった。今は、人家はすべて流失して一軒もない。港へたどり着くまでの道路は、緑地造成とかで、右へ曲がれ、左へ折れよと指示板の立つ回り道であった。手にする国土地理院発行の二万五〇〇〇分の一地形図は、大震災前のものであるので（平成二一年一一月一日発行）、参考にならないのである。

ひと波で故郷《ふるさと》消えた新地町

ゆうべ菅野さんの家で見せて貰った川柳の書き留め帖の中の一句を思い出して、全くその通りだ、と漁船が舫《もや》い大漁旗が朝風にはためく港に立ち尽くしたのである。

コミュニティセンターでの昼食は、その日は祭りということで、地区の人たちがみな集まって、ボランティアで立ち働く人たちから、鮭汁を貰い、ご飯を受け取って食べた。高知県の方から差し入れがあった、と大きな梨が一口ずつに切り分けられたのも出た。七年近くに及ぶ苦しみなど微塵も感じられない。みな和やかな顔であり、話し言葉であった。菅野いな子さんも、その中の中心人物として立ち働いていた。

相馬の海の守り本尊となるか。緑が美しく映える海岸の一本松

地区の共同墓地があった。その近くの小高い場所から、新地の港を見た。これからの再建の道のりは決して短いものではない。港の完成は長い年月の先にある、と感じた。海岸沿いに南へ進んだ。松の木が枯れずに、それも一本すっくと立っている。岩手、陸前高田の千本松原の一本だけ残った松は後日枯れた。ここの一本松は枯れずに、今も相馬の潮風を受けて、堂々と枝を張っている、見事な松の木の姿を見つめていた。松の木もまた、目の前の海の弥栄を願っているに違いない。これからは新地の海の守り本尊として、枝を伸ばして行くだろう。私はそのことを確信して、浜通りの岸辺をあとにした。常磐線新地駅は、広い田園風景がひろがる中にあった。

（二〇一七・一一・三／『月刊 漁業と漁協』
二〇一八年一〇月号、一一月号）

渥美半島、福江の港で
――二人の漁師の話

海を渡って伊良湖《いらこ》へ

夕方、電話がかかった。

「明後日の土曜日に来れませんか。福江《ふくえ》のアサリ獲りの若手の漁師さんに会えるように、段取りしますよ。伊良湖へ迎えに行きますから」

知人の小川雅魚《おがわまさな》さんの声であった。渥美《あつみ》にお住いの人で、名古屋の椙山《すぎやま》女学園大学まで、講義に通う人である。著書に、『潮の騒ぐを聴け』（風媒社、二〇一四年）と題する、すこぶるエスプリのきいたエッセイ集がある。

鳥羽港から伊勢湾口をフェリーで横切って、伊良湖へ渡った。これから先は、小川さんの道案内である。松林を左に見て、自動車は北へ直進した。小中山漁港をめざしている。

二人の若い漁師さんの話

港は休漁日ということもあって、船の出入りもなく静かであった。岸壁で二人の漁師さんが、私たちを待ってくれていた。漁協の倉庫を借りて話を聴く。高瀬敬一郎《たかせけいいちろう》さんと細田光則《ほそだみつのり》さんである。貰った名刺には、それぞれ「漁栄会会長」、「副会長」と、刷られていた。高瀬さんが昭和五五（一九八〇）年、細田さんは昭和四七（一九七二）年生まれである。これからの渥美の漁業を引っ張っていく、若手グループの先頭に立つ人たち、といえるだろう。二人はアサリ漁専業の漁師である。渥美の海のアサリ漁の「今」を聴いた。

福江漁港で、アサリの蓄養の成果を話す２人。
細田光則さん（左）と高瀬敬一郎さん

「私は三〇歳のときから始めただけだから、まだ八年です。細田さんに比べたら、小僧のようなもんでね。アサリ漁だけ。ほかはやらないです」（高瀬）

「私は三〇年ぐらいになりますかね。年間通してアサリを獲っています。アサリ専門の漁師というのは五〇人ぐらいですよ。キャベツ栽培とか温室で菊やトマトを作る仕事と兼業の人たち合わせて、大体一〇〇軒ぐらいでしょう。

　全国的に見て、渥美の海は日本で一、二を争うぐらいのアサリ漁場だ、と言えると思いますが、私が始めた三〇年ぐらい前に比べたら、漁獲高は現在は半分以下、いや三分の一ぐらいまで減っていますよ」（細田）

「まだ八年だけど、それは感じますね。伊勢湾は三重県側もそうだし、知多《ちた》半島でも豊漁だ、ということは聞かないですよ。中部空港ができたからとか、長良川河口ぜきが影響しているのだろうとか、いろいろ言われるし、たしかに、それも伊勢湾産のアサリの減った原因なんでしょうけど、アサリが獲れなくなったのは、全国どこでもだから、もっと違った何かがあるのじゃないかな、と思います。

渥美の海はまだ種苗を撒《ま》かなくても獲れますからね。何とか持ち堪《こた》えています。この近くの漁場では、稚貝を撒いてね、その貝に寄生虫がいて、その影響で、さっぱり駄目になった所がありますよ。他所《よそ》から持って来た稚貝を撒いて、一気に漁場が衰弱してしまったわけです」（高瀬）

「ウミグモという寄生虫です。そこの浜では、一気に繁殖してしまいましてね。外からアサリを持って来て撒いたから、外来の貝が駄目にしてしまったわけです。貝を開けてみても、白い点ぐらいのものなんです。それが大きくなって繁殖しました。貝の身の養分を吸うから、貝はだんだん痩《や》せて行ってね。そんなアサリは売り物にはならない。おかげでここの海には今の所いないです」（細田）

「ウミグモという名の通り、クモのような形をしていますよ。肉眼で分かるようになると、ちょうどタカアシガニのような恰好《かっこう》と言ったらいいかな。人体には毒ではないのですが、見た目に良くないですしね」（高瀬）

アサリの相場を訊《き》いてみた。それほど高くはない、と細田さんは言う。

「私たちは、相対《あいたい》で、業者と直接売り買いをしますが、スーパーなどで売られている値段の三分の一ぐらいと言えば良いかな。最近は一八キロで七〇〇〇円ぐらいですから、一キロ当たり大体三七〇円そこそこでしょう。大きさにもよりますけどね。サイズは特大、大、中、小とあります」

このように話す細田さんに続けて、高瀬さんは採捕のことを話してくれた。

「獲るのは日の出から日の入りまで、と決められています。人にもよりますが、一日五〇キロ獲れたらいい方ですね。それだけあれば、よく獲れたなという感じですよ。土曜日が休み。ほかに漁場を休めようということからもう一日、火曜日に休むとか休漁日を決めて、週休二日ぐらいにはなります。腰まで潮につかってマンガで獲ります。竿を使ってやりますから体力がないとね。船の上から獲る人もいます。私は一人で漁をしますが、家によっては夫婦でやるとか、形はいろいろありますよ」

「漁栄会」のことなど

名刺にあった「漁栄会」のことを聞く。

「会員というか有志は五〇人ぐらいいます。中には名前だけと言う人もいますけどね。渥美の漁業をどうしていくべきか、このことを話し合うのが目的で集まったわけです。漁獲量が減って来た、これを何とかしようと話し合う場をみんなで持とう、というわけでね。渥美の海のことをいろいろ話し合って、出たアイデアの中から、これをやってみようとか、相談して決めながらね。例えばアサリを蓄養してみてはどうかとか、もっと我々の獲って来たもの、貝だけじゃなくて、魚も海藻もひっくるめて、渥美のものはこんなにいいんだ、という宣伝普及活動を展開したらどうか、とかね。県漁連の人とかにも力を貸して貰ってね」

細田さんはこのように説明する。

「まだこれからなんだけど、まずやってみたのが、アサリを籠を使って育てる、という試みで、去年一年間だけやりました。蓄養なら休みの日にできるのではないか、と考えましてね。だから、今はやっていない。去年（二〇一七）実験的にやっただけでね。それがＣＢＣテレビのニュース番組で紹介されて、ちょっと話題になりました」（高瀬）

「兵庫県の室津《むろつ》ではずっと前からやっていますけど、私たちは砂を使わず、砂利を貝に混ぜて、籠を垂下《すいか》して試みました。砂を入れないやり方は、私たちの漁場だけだと思いますよ。籠を底まで下げるのじゃなくて、中間まで吊り下げてやってみました。成長は良かったと思っています。

今年春ぐらいには、事業化できる区画漁業権の許可が県から出ると心待ちしています。そうなれば、事業としてやれますからね。秋からやって、来年（二〇一九）春には市場へ出せる、こんな思いが会員にはあるんです。漁場の一部に禁漁区があって、そこで獲った貝の中で大きいのを買って、去年は試験的にやったわけだけど、区画漁業権が設定できれば、小さい貝からもやれると思います。カキでも言えることですが、二枚貝の場合はアワビなどと違って餌をやる必要がないしね。まあ、何事も、大勢の力がないとできないことだから、会員のやる気如何《いかん》ですよ。私たちが立ち上がれば、市役所も放っておかないだろうし、そうなれば、漁協の方も支援しよう、となりますよ。私たちの若い力で必ず実現してみせます」

このように語る細田さんの声は、活きいきとして、明るい限りであった。そのことは高瀬さんも同じ思いだろう。とにかく渥美のアサリは天下一品だと言う。高瀬さんは次のように話した。

「春先のアサリは特にうまいです。二月なかばから三月、四月がいちばんうまいですよ。自慢できますね。身もしっかり入っていて、柔らかいです。ずっと以前は、生きている貝を割って身を竹串に刺して干したのがあったけど、今はそれをする家はもうないでしょう。

トリガイやハマグリはほとんど獲れないし、バカガイもここでは獲れない。シオフキという貝も以前はあったけど、これも見かけないしね。私なんかまだ八年の経験しかないけど、この短いうちにも、トリガイなんか全く獲れなくなりました。アサリのほかに獲れるのは、一般に大アサリという、ウチムラサキだけですね。

ウチムラサキは潜って行って、掘って獲るというやり方です。アサリの中にもあまり混じって来ないしね。ウチムラサキを専門に獲る仲間で潜水組合を作っていますよ。潜水夫のように頭からかぶりものをするヘルメット式のやり方じゃなくて、どちらかと言えば、スキューバーダイビングのような潜水です。潜って行って、貝の目、ここではそう言っていますが、水管が砂の上に出ているから、その目を見つけて掘って獲るという方法ですね。獲った貝は袋に入れて、それがいっぱいになると、引き揚げて貰う。引きあげるための鉄筋のアームが、船に取り付けてあります。だから、アームが付いている船はウチムラサキを獲る船だと分かりますよ」

高瀬さん所有の漁船を見せて貰った。建造してまだ三年ぐらいしかたっていない。きれいに整頓されていた。一トンぐらいの小さな船でも、機械設備すべて入れて大体四〇〇万円はかかる、とさりげなく話す。何隻か繋がれている中に、鉄筋のアームが取り付けられている漁船もある。新造船を海に降ろすときには餅撒きをするのか、と問えば、この岸では何人かで酒を呑《の》むだけだ、と答えた。

帰り道、町中の食堂で昼食をご馳走になった。フェリーの出港までたっぷり時間があるからと、

岸壁に舫《もや》う漁船。
中央の鉄製のアームが取り付けられているのが
ウチムラサキ（大アサリ）を採捕する漁船

小川さんが私を誘った。頼んだ料理の中に、味噌汁があった。椀からこぼれるほどのアサリが入っている。どっさりという感じの一椀であった。渥美の海の極上の味が膳の中にあった。

（二〇一八・一・二〇／『月刊 漁業と漁協』二〇一八年八月号）

ナマコ獲りのことなど
——志摩安乗の海岸で

ナマコのことあれこれ

ナマコとひと口でいっても、五百種類もの仲間がいて、浅瀬から深海まで、どこにでも顔を出します。その中で食用されるのは、マナマコで、やや深い磯にいて赤紫色したアカナマコと浅い泥場にいて青または黒っぽい色をしたアオナマコに区分されます。味は、アカのほうが優れているといわれます。

これは、長いおつきあいのある鷲尾圭司さんの、『明石海峡魚景色』（長征社刊）の「ナマコ」の章で書かれている一節である。

アカナマコは褐色で濃淡の斑紋があり、アオナマコは暗紫色で、砂泥を好むから波静かな内湾に多い。近年は、クロナマコも採捕されるが、味は両者より劣る。クロナマコは茹《ゆ》でて乾かしたものを、もっぱら中華料理の材料として輸出されていると聞く。

古語辞典を引くと、「こ」という単語の一つに、「ナマコ」という説明がある。だから、生のものが「ナマコ」だ、という理屈が成り立つ。卵巣を干したものが「コ」の子だから、「このこ」といわれ、腸《はらわた》を取ったあと、茹でて干したものが「いりこ」、その腸をしごいて泥を出し、塩でもみ洗いしたあと、塩漬けしたのが「コ」の内臓だから、「このわた」となった。これはすこぶる珍味で、酒客によろこばれる一品である。

ナマコは桁網《けたあみ》で獲る。北陸の能登半島の七尾湾《ななお》などで見られる。これは、木（または鉄製）の枠に網をつけて一本の綱で引く方法である。ほかに、船の上から、箱眼鏡で海底を覗いて獲る「へた見」という方法がある。船のへり、つまり、「へた」から覗いて「見」る、ということから、「へた見」といわれる。三重県ではもっぱらこの方法で獲るし、神奈川県三浦市三崎《みさき》や城ヶ島の漁師は、この漁法をボウチョウと呼ぶ。

箱眼鏡を用いる覗き漁は、ナマコを獲るだけでなく、タコのほかアワビ、サザエも獲り、ウニなどいろいろ獲る。熊野灘では、春先に海藻のヒロメを刈り採る漁師もいる。

へた見の小舟に乗って

初冬のある日、朝七時三〇分、三重県志摩半島的矢湾《まとや》の湾口、安乗《あのり》の磯でへた見でナマコを獲る小舟に乗った。船外機を片手に、磯を覗く二八歳の青年の、ナマコ獲りの様子を見せて貰うためである。青年は仲野恭平《なかのきょうへい》さん、地区では若手の漁師だ。

海は澄みきって、底の岩礁が舟の上からもよく見えた。岸を離れてすぐ、まだ港の外へ出ないうちに、中ぐらいのナマコを竿で引っ掛けた。アカナマコである。口にくわえた箱眼鏡をはずして、きのうは一〇キロあまり獲った、と話し、次のように続ける。

「きのうは口開け（解禁のこと）が始まってから、初めて一キロ当たり一〇〇〇〇円を超えました。年末までは、値も持ち堪《こた》えると思いますけど、毎日漁ができるというわけでもありませんしな。何しろ小舟やで、波が立つとへた見ができませんから休漁ということになって、これだけはお天気次第です」

気安く話してくれる恭平さんは、はちきれるような青年の漁師だ。だが、ナマコ漁は今年で二年目の新米だ、と笑う。

「ナマコはじっとしていますから、海中を泳ぐ魚を狙うよりは楽かも分かりませんが、私なんかま

安乗魚港の岸を離れたナマコ獲りの小舟。
手前の桶は仲野恭平さんの
おじいさんが使ったもの

岸から離れて５分ののち、
最初のナマコを見つける

だまだ年《ねん》が浅いですから、こつを覚える必要がある、と言われます。おじいさんもまだ現役の漁師で、いろいろ教えてくれますが、聞いて分かっても、実際やってみるとむずかしいことが多いですわ。
ナマコ狙うなら、その糞《ふん》を見つけよ、と言われるんです。糞をどう早く見つけるのかですよ。蚊取線香の渦巻きのような形をしている、と言えばよいかな」

　青年は再び箱眼鏡を口にくわえた。ゆっくりと舟を動かしながら、海の底を覗いて行く。あっ、おった、と声を上げて、素早く竿を摑む。竿はプラスチック製で細く長い。二つ目は小さいナマコであった。

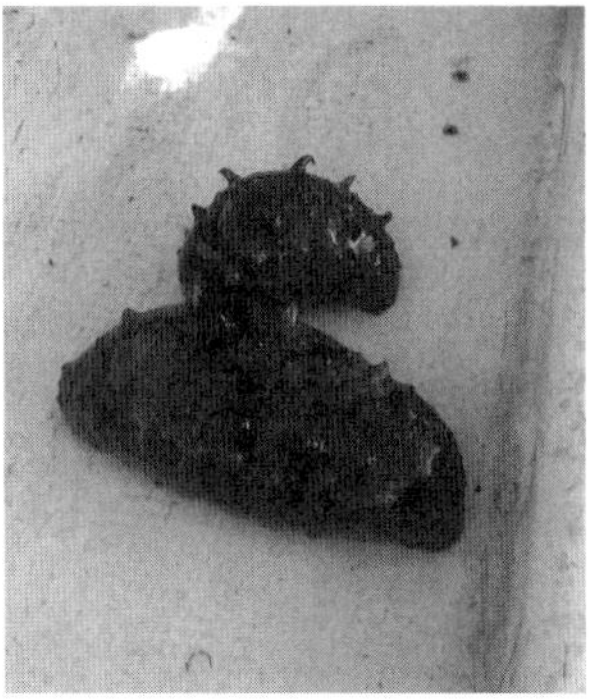
上の２つ目のナマコは
少し小ぶりだ

　訊《き》けば、サイズに大小の制限はないという。作業開始も海女漁のように厳しい取り決めはない。ただ、午後三時までの出荷時間に間に合わすためには、自ずから終了時刻は午後二時ごろ、ということになろう。海の中を覗く青年の横に、使い込んだ木の桶が置いてある。おじいさんがナマコ漁のときに使った桶だ、と話す。桶のふちが擦《す》れて丸みがあることで、長年使い込んだことが分かる。おじいさんは竹竿で獲った。

　少し風が吹き出し、さざ波が立って来た。舟を港に戻して貰い、私は陸《おか》へ上がった。

「私の親父がここの事務所長をしています。寄って行って下さい」

　舟の上からの挨拶であった。この言葉に促されるように、安乗の魚市場へ歩を進めた。

仲野所長の話、そして魚市場で

魚市場の横の事務所の階段で、初対面の挨拶をした。仲野義光《よしみつ》さんである。戴いた名刺には、三重外湾漁業協同組合安乗事務所長、とあった。かつての組合長室で話を聴いた。

「ご多聞に漏れず、ここも後継者不足でね。正組合員も九〇人ぐらいに減りました。まあ厳密に資格審査をしたことで、すっきりなったんですがね。各自が記録している出漁日誌とか、水揚げ伝票の控とか、客観性のあるもので、資格のあるなしを決めるんです。

ここの漁場は、かつてはクルマエビのいいのが獲れたんですが、最近は非常に少ない。宝彩《ほうさい》えびという名で知られていました。サイズが大きいし、味も良かったですよ。今は、トラフグが安乗の魚市場の花形ですわ。観光旅館もこれで客を呼んでいるようなものです。

どの魚も少なくなっていく一方でね。アワビにしても年々減って、海女さんたちも稼ぎが少なくなりましたね。漁師が減ったのだから、一人当たりの獲れ高は増えていいのに、魚も少ないというのが現実ですよ」

魚市場を見せて貰った。四人ほどの職員が箱詰めの仕事に立ち働いている。サヨリを箱詰めにしていた。とれとれの魚が銀色に光る。

「サヨリ漁だけは昔からのやり方です。小さい明かりを照らして、たも網で掬《すく》って獲る、この漁だけは変わりませんな。今、六人ほどの漁師が、自分の船で一人で漁やっています。サヨリは明かりに誘われて、海面の方へ上がって来ますから、それを掬って獲るわけです。

大きいサイズの一〇本で一キロぐらいのものは、一キロ当たり、五〇〇〇円の札値です。今、箱に詰めているのは、ちょっと小ぶりやで、一キロ当たり二〇〇〇円ぐらいですやろ」

サヨリは沿岸の藻場で産卵する。裏返せばサヨリは豊かな藻場あっての魚なのだ。このことから言えば、安乗の磯は藻場がよく繁っている、という証しにはならないか。

箱の中で、サヨリは長い口ばしを揃えて並べられている。サヨリは下顎が長い。生きのいい細い魚を見つめていたら、白秋の詩が口を衝いて出た。

サヨリ　は　うすい、
サヨリ　は　ほそい。
ぎんのうを、サヨリ
きらりと　　ひかれ。

この童謡と同じく箱詰めのサヨリも銀色であった。

町へ行くという所長さんの車に便乗させて貰う。きょうのナマコの水揚げの様子は見られない。

安乗の魚市場で出荷を待つとれとれのサヨリ

恭平さんの成果は、と案じながら、志摩の道を走った。

「二〇歳《はたち》のときやったですが、選ばれて、組合学校で一年勉強しました。千葉の柏に学校がありました。そこで特訓を受けて来たんですわ。山本さんという人に教わりましたな」

車中でのこの話は思いがけないものだった。

山本さんというのは、知る人ぞ知る山本辰義《たつよし》さん、漁協職員の指導者として大方の尊敬を集めた。筆者も多くを教わったが、すでに故人である。不思議な人の縁と言えようか。

帰ってから、江戸中期の俳人、召波《しょうは》の句にナマコを詠んだのがある、と思い出し、それを探した。

憂きことを海月《くらげ》に語る海鼠《なまこ》かな

海月と海鼠との取り合わせが面白い。召波は京都の人、中京《なかぎょう》の裕福な町衆の子であった、と言われる。蕪村《ぶそん》の門から出た俳人の中の逸材であった。

ナマコはクラゲに何を語るか。

「最近は以前のように、伊勢湾でも熊野灘でも赤潮が出たといったニュースはほとんど聞かんが、われわれの仲間はどれもこれも少のうなったな。伊勢湾ではコウナゴも獲れんし、アサリも絶滅に近い状態や。熊野灘の磯のアワビも減る一方で、増えるきざしはないしな」

こんな嘆き節であったのか。そして、クラゲは答えて曰《いわ》く。

「漁協はどこも合併とやらで、団体は大きくなったけど、その割りには浦浜は賑わわんな。魚や貝がもっと獲れたら、若い人も漁師する筈や。その意味から言うても、漁業の立直しは焦眉の課題や。最近、水産改革とやら中央では賑やかやけど、浦浜の人らの声を聞いたんやろかな。浜の秩序を壊すような改正なら、そりや改悪にすぎんな」

クラゲとナマコの伊勢の「ナ言葉」の嘆き節、今様に考えれば、こんな対話も想像できよう。

（二〇一七・一二・一二／『月刊 漁業と漁協』二〇一八年一二月号）

マダイ讃

――進取の精神で養殖に挑む

村に若者がやって来た

「新卒の漁師二人、大志を抱いて船出」、と印刷された見出しが目にとび込んで来た。二〇一八年五月一四日（月）、朝日新聞朝刊の三重版。二人の写真入りの明るいニュースであった。「今春、早稲田大学法学部を卒業した二二歳の男性と、名古屋市の専門学校を卒業した二〇歳男性が、南伊勢町でタイの養殖などを手がける会社に就職し、漁師となった。」

新聞の記事はここから始まる。その会社は、三重県南伊勢町阿曽浦《あそうら》にある友栄《ゆうえい》水産である。マダイ養殖だけでなく、近くの海で獲れたアワビやサザエ、ウニ、各種鮮魚介の販売、そして、干物加工と手広く手掛ける古くからの商店だ。

私は二代目の橋本剛匠《はしもとこうしょう》さん、和子さん夫妻とは以前からのおつきあいがある。すでに一〇年近くも前のことだが、私がNHKラジオの「ラジオ深夜便」の「日本列島くらしのたより」を担当したとき、月刊誌『ラジオ深夜便』で紹介したいと言って、編集記者の訪問があった。町内の贄浦《にえうら》漁港へ案内したとき、偶然に橋本さんに会った。橋本さんは、入札でせり落としたカツオを一本、無造作に尾びれを摑んで、近海物のとれとれや、刺身にして食べて、と気前よく手渡してくれたことがあった。二〇〇九年夏のある朝のことである。

あの日のことを思い出しながら電話をした。要件は、こんど来た若者二人に会って話を聞きたい、ということである。

「いつでもいいですよ。来る二、三日前に連絡してくれれば、二人の仕事を調整しますよ」

と言う返事。都合のいい日は六月一五日の午後と決まった。

拙宅のすぐ下から出る阿曽浦ゆきの町営バスに乗る。午後一時三〇分発である。客はたったの三人、そのうち二人は途中で下車する高校生で、あとは私ひとりで貸切りの状態。阿曽浦へは島を繋いだ二つの赤い親子の橋を渡って行く。訪ねる会社は終着のバス停すぐ隣である。魚を買い求める人たちで、店先は賑わっていた。魚介類の販売は、もっぱら奥さんの和子さん。ひとりで身軽に立ち廻っている。丸顔で若々しく、きびきびとした動作は見ていても心地好い。店先には見事なアワビが水槽に入れられていた。

訪ねた若者は、伊澤峻希《いざわしゅんき》さん（平成八生まれ）と佐々木幸也《ささきゆきや》さん（平成九生まれ）である。話を聞く前、養殖筏まで船を出して貰う。三代目の純《じゅん》さんの操船で、港の岸のすぐ前の筏へ渡った。筏の枠に降りた二人が網をたくし揚げる。出荷前の一キロぐらいのマダイが盛り上がるように海面へ集まる。無数のマダイが勢いよく飛び跳ねた。

事務所の机を挟んで話を聞く。

「神奈川県大和《やまと》市出身です。東は横浜で、北は東京都町田、電車の最寄駅は中央林間」

伊澤さんはこのように言う。佐々木さんは、名古屋市緑区の出身で、昔から有松《ありまつ》絞りで知られる所の近くだ、と告げた。友栄水産の近くで、今は二人で共同生活をしている。

仕事の内容を聞く。次は伊澤さんの話。

「朝は原則六時から。でも出荷の時間はまちまちだから、早いときは五時ぐらいの日もあります。終わりは午後三時です。二人いっしょですね。出荷が終わったら、次はタイの餌やり、魚の大小の選別、次の出荷の用意、ほか、網洗い、その修繕、いろいろありますよ。友栄水産では、沖で壺網を張っているから、時間のあるときは網を揚げるし、漁師体験ということで客が来たときには、壺網を揚げて網に入っている魚を持ち帰って貰います。そんなことで、仕事のこつを覚えるのが大変

マダイ養殖の筏の上で作業する２人。
（左）伊澤峻希さん、（右）佐々木幸也さん

出荷を待つマダイ

です。少しずつ馴れて来ましたけど」

「今まだすべての仕事が勉強中ですから、覚え込むのに精一杯です。会社の人たちが親切に教えてくれますし、私自身、魚が好きだから。マダイの餌やりは、オートメーションというか、タイマーで投餌をします。給餌器がありましてね。まだ十分な技量がついていないから、今は手伝いなんだけど、餌はドライとモイストの二つがあります。モイストは粉末の餌を油などで練ったものですね」

ひと仕事のあと、笑談する２人。
南伊勢町阿曽浦の漁港で

引き揚げた網の中で飛びはねるマダイの群れ

佐々木さんはこのように話し、続けて次のように言う。

「養殖というのは、目方何キロのものとか、何センチの寸法のものをどれだけとか、客が希望するサイズのものを揃えて出荷できる、ここが強みですね。一定のサイズに揃えられます」

佐々木さんの話を聞いたあと、隣の部屋にいる純さんに尋ねた。

「今、私のところは大体四〇万尾のマダイを養殖しています。体長五センチの稚魚を投入して、約一キロの大きさに仕上げるのに、一年半ぐらいかかります。稚魚は近畿大学水産学部の試験場で育ったもののほか、三社ぐらいから買いますね。今年、二〇一八年の春の相場で一尾一四〇円ぐらいでした」

マダイ讃

マダイは魚の王者。この評価はいつの世も変わらない。縁起物として、尾頭つきで祝い事には欠かせない。大きいものは八〇センチから一メートルにも達する。よく観察すると、マダイには面白いことが幾つもある。

まず、背びれ、これが前方一二本（一二棘《きょく》）は硬く先が針のように尖る。あと一〇本は軟らかい。一〇軟条と言われる。尻びれは前三本が硬く、その後ろ八本は軟らかい。三棘八軟条と呼んでいる。口を開けて歯を見ると、上あごの前方に二対、そして下あごには三対の犬歯があるほか、その奥に臼歯が二列に並ぶ。甲殻類や小さな二枚貝を好んで捕食するが、この臼歯で噛み砕くのだろう。

マダイの視軸はやや下向きだ。上を向いて歩こう、という歌があるが、マダイならさしずめ、下を向いて泳ごう、ということになろうか。寿命は長く、二〇年から三〇年ぐらいと言われ、人間の寿命に直すと九〇年の長生きだ。現今の長寿社会のシンボルとも言えよう。

マダイの養殖事業が始まって、すでに相当の年月になるが、この事業は飼育している親魚から卵を採って幼魚を得る。そのあと、一定の大きさまで育てたものを出荷するのである。マダイの養殖技術は安定し、人気抜群の魚である。

刺身でよし、焼いてよし、煮てもうまい。マダイは春の盛りのころが旬と言われる。桜鯛である。中村汀女《ていじょ》の一句に、

包丁も厨《くりや》もゆだね桜鯛

とある。料理を待ちわびる気持ちがあふれていて、忘れがたい。秋もそれなりに上等の味で、こちらは紅葉鯛と呼ぶ。

熊野灘の漁村に生きる

「二〇一六年一二月に伊勢神宮に参拝してから、尾鷲《おわせ》の九鬼《くき》という漁村のゲストハウスに泊まりました。そこで、南伊勢町阿曽浦に友栄水産という魚を扱う会社がある、と教えられ、そこの紹介で、会社を訪ねました。そのあと、去年、一七年一〇月に一カ月の研修を受けました。最近よく言われ

るインターンシップです。就業体験というやつですね。ここならやれる、と就職を決心しました。

もともと私はマスコミの世界をめざしてたんです。自分が口に入れるものが作られている、その現場を自分の目で見て確かめたい、と考えていました。阿曽浦へ来て、自分の体を使って自然と共生していく。マダイが養殖でどう育っていくのか、そんな世界に興味が湧き、自分の力で生きていく、これからの人生の舞台がここにはある、と心を惹かれたんです。

九鬼の宿で紹介されたことから、いろいろな人との繋がりというか、橋本さんの家族の人たちに会って、良かったら来い、と言って下さったこと、何とも不思議なご縁がありました。それがありがたかったです。その意味からも、一日でも早く仕事をマスターしなければと、毎日潮まみれ、マダイとの格闘のあけくれです」

落ち着いて話す、伊澤さんの笑顔がいい。佐々木さんに、一人息子だそうだけど、両親は反対しなかったか、と尋ねたら、次のように答える。

「県立高校を卒業して動物を訓練する専門学校で二年勉強しました。高校を受けるとき、三谷《みや》水産高校へと思ったこともあったのですが、通学に時間がかかるということもあって普通高校にしたんです。学校に友栄水産を知っている先生がいて、あそこでマダイ養殖をやって働いたら、と勧められました。もともと魚が好きだし、ゆくゆくは、調理師の資格を取って、阿曽浦の海で育った、このすばらしいマダイを使った料理を出す店を開くことが、夢なんです。両親は反対しなかったです」

こう話す佐々木さんの目は輝いている。伊澤さんは、佐々木君は魚をさばくのが上手だ、とほめる。それを横で聞いている本人は、峻希さんは、早稲田を出て一次産業の漁業に就職したのには驚いたし、何にでも興味を持つ姿勢は見習わないと、といつも教えられます。このように語る若人の言葉はすばらしい。二人の大志はかなえられるか。まず、自分から進んで何にでも挑むこと、進取の精神と校歌にもあるじゃないか、と私が続けた。

帰りはもうバスの便がない。拙宅の下まで軽自動車で送ってくれた。橋の上で車を止め、三人並んで暮れなずむ西空を望んだ。生憎《あいにく》の薄ぐもりで、夏の夕焼けの空を見ることはできなかったが、橋の上から見渡す海は、限りなく澄みきっていた。

目をやる前方の海面に、マダイが泳ぐ養殖筏が行儀よく浮かぶ。あの半分は友栄水産の筏です、と声を合わせて二人は指をさし、私の顔をみつめた。

（二〇一八・六・二〇／『月刊 漁業と漁協』二〇一九年一月号）

的矢湾伊雑ノ浦一景

――アオノリ養殖漁場、今いずこ

伊雑ノ浦坂崎の祭り風景

アオノリ養殖で栄えた伊雑《いぞう》ノ浦《うら》の岸辺を歩いた。新年の日の光が体いっぱいに流れた。元日の昼前である。坂崎（志摩市磯部町）の集落のはずれにある、宇気比《うきひ》神社の正月行事を見るためであった。

宇気比神社は小さい社である。境内の入口の鳥居の両側に、宇気比神社と染め抜かれた幟が潮風にはためいていた。庭には所狭しと筵《むしろ》が敷いてある。ここで獅子舞が行われると聞いた。拝殿の天井のぐるりに張りめぐらされた注連縄《しめなわ》が珍しかった。半紙一枚に刃物の先で模様を截《き》り抜いたものが、縄の所どころ、等間隔に挟んである。半紙と半紙の間には紙垂《しで》が垂れ下がる。古くから使われてきた酒徳利などを見たが、これらからも、祭りは伝統を受け継いで続けられて行くだろう。

青い衣装を着た少年と緑色の衣装の少年がいた。二人は高校生である。青色の衣装の少年を矢拾い、もう一人の少年を面叩きと呼ぶ。かつては境内から、細い水路をへだてた田んぼの畦《あぜ》にしつらえた的に向かって、弓を引いた。そのときの矢を拾うのが青色の衣装の少年で、今は的を立てるだけに省略されている。行事のクライマックスが獅子舞である。緑色の衣装の少年の出番、獅子の

古くから神社に伝わる酒徳利にも
注連縄が掛けられている

拝殿の天井近くの周りに
張られた注連縄

祭りの日の大役を担う村の少年2人。
面叩き（左）と矢拾い

少年が獅子の面を3回叩いて、
眠っている獅子を起こす

頭《かしら》を叩くが、叩く少年も天狗の面を付けていて、眠っている獅子を起こす所作をする。二頭の獅子の尾、もちろん布で出来ているのだが、その二つを摑んで引っ張ったあと、獅子の頭を木の棒で叩く。まず、雄の面（頭）を力強く三回叩き、続いて胴を三回叩く。雌の方も同じことが繰り返された。獅子舞と言うが、笛や太鼓に合わせて舞うことはなかった。

そのあと二頭の獅子は口を大きく開けて、「あんがら、あんがら」と言い、続けて、「茶碗のかけらもないかいな」、と唱えながら、参詣人が集う場所へ進む。村人たちは用意して来た御捻りを獅子の口へ入れる。頭を遣う人はそれを腰に付けた袋へ入れる。人びとの中には大勢の子どもが混じり、獅子に頭を撫でられて泣き出す子もいた。遣い手は、「もうないかな、もうないかな」と笑い声を立てて、ぐるりひと廻りして終わった。

珍しい獅子の所作が繰りひろげられる前に、潮水を竹の葉で参詣人に振り掛ける、潮掛けがあった。釜で湯を沸かし、神職などがその熱湯に笹の葉を浸して、参詣人に振り掛ける湯立《ゆだて》神事は、ど

束ねた雌竹の葉を、
伊雑ノ浦の元日の潮水につける村人たち

集まった人たちに潮水を振り掛ける

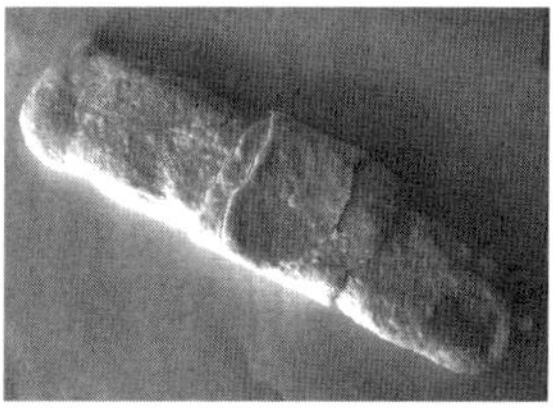

祭礼が終わったあとで集まった人たちに配られる餅。地元の人はこれを足袋の底と呼ぶ

こでも見られるが、生の潮水を振り掛けるのを見たのは、初めてであった。メダケ二〇本ほどを括り一本にした束を、目の前の伊雑ノ浦の海水に浸たし、葉からしたたる海水を、参詣人の頭などに振り掛けるのである。束は二束、二人の村人は束が重いので、ふらつくような足どりで参詣人に近づく。「潮垂れるで一滴にしとくけど、厄除《やくよ》けやでな」と言いながら、控え目に竹の束を振った。

祭礼が終わったあと、集まった人たちに供え物が配られた。子どもたちには菓子や缶づめ、大人には餅。その餅がまたユニークである。小判型をさらに細長くしたノシモチ四枚を、あと一枚の餅で束ねてある。地元の人はこれを足袋の底、と呼んでいる、とあとで聞いた。氏子でない私にまで配られた。思いがけないことで、ちょっと得をした気分になった。得をしたと言えば、もう一つ、人の親切に与《あずか》った。その日、途中の一軒家で、宇気比神社はこの先かと尋ねたところ、漁協の建物の近くだ、と教えてくれた。しばらく歩いて行くと、二キロ近くあるから送ってあげよう、とあとから車で追いかけて来てくれた。帰途もその人の厚意に甘えた。井倉《いぐら》さんという人であった。

アオノリ養殖のこと

坂崎の宇気比神社のすぐそばの海は、伊雑ノ浦という波静かな内湾である。三重県の伊勢志摩国立公園の中にある、的矢湾《まとやわん》のいちばん奥の海域だ。的矢湾は湾口に渡鹿野島《わたかのじま》が横たわり、その奥は、両岸がぐんとくびれ、ひょうたんのような地形で、そのあたりが湾のほぼ中央。さらに奥に広がる海域があり、そこが伊雑ノ浦である。

波静かな環境は、海草のアマモ場を形成し、タコをはじめ、各種魚類の産卵場、そして揺籃の場であった。風が吹き波立つと、ちぎれたアマモが道路にまで打ち寄せられ、歩くのもままならないほどだった、と言われる。それほどの豊かな藻場があったのに、昨今は全く見ることがない。朝、小学校へ行くとき、道ばたで動くタコを見つけ、掴んで家へ戻り、母親に渡して学校へ急いだことがあった、という話を聞いた。アオノリ養殖の盛んであったころ、すでに、三〇年以上も前のことだが、村の古老の思い出の中のひと齣である。

アオサ、アオノリ、アオサノリなどと、いろいろの名前で呼ばれるが、ここでは、アオノリとしておく。しかし、アオノリには、河口の汽水域に自生するスジアオノリという糸状の海藻のことを、アオノリと言うところもあるが、ここでのアオノリとは別のものである。今、太平洋岸の暖い海域で養殖されているアオノリは、ヒトエグサの胞子を網につけ、海域に固定張りして伸びた葉を、摘み採ったものである。葉体を截《き》ってその断面を顕微鏡で見ると、細胞が横一列に並んでいる。ひと重に並んでいることから、「一重草」と言われるのだろう。

志摩半島的矢湾の伊雑ノ浦は、その生産量において、かつては日本一と称されたことがあった。それが大げさなら、三重県第一位であった、と言っておこう。このことはまちがいのないことだが、今、その面影はない。かつての豊かな海は、海鳥が翼を休めるだけになってしまっている。アオノリ養殖漁場今いずこ、という風景である。

アオノリ、つまり、ヒトエグサの天然採苗は、一九五二（昭和二七）年ごろに技術が確立された。一般に、河川水が海水に流入する場所がアオノリの種場であり、まず、水深二、三メートル以深の海域で、ひと夏を越した胞子嚢《のう》から、九月に胞子が出る。胞子は上げ潮時に海水とともに河口部に浮遊してきて、潮流が河川水とぶつかり、渦流を形成する場所が種場となる、と考えられている。

その最良の種場は、三重県では五ヶ所湾奥の内瀬《ないぜ》であった。伊雑ノ浦の人たちも、内瀬の種場で種付けをし、その種網を的矢湾に運んで行って、養殖をしたのである。種場の発見や技術指導をした人が、当時、三重大学水産学部にいた喜田和四郎《きだわしろう》さんであったことも、忘れてはならない。

祭り行事が始まる前、庭の焚き火にあたりながら、集まって来ている村人に訊《き》いたところ、「アオノリの養殖がいかんようになったのは（出来なくなったのは）、一〇年も前からやな」という返事。「一〇年やろかもっと前からやろ。二、三年は経っとるな。今は、あんたの町の五ヶ所浦の漁場を貸して貰ろて、張っとる人が何人かおるけどな」

横に立つ別の人はこのように話した。

平均一〇〇枚の網は張っただろうし、多い人は三〇〇枚を下らなかった。海面いっぱいに張られたアオノリの養殖網は、冬の初めには緑のじゅうたんを敷きつめたような、美しい景観を作りあげていたのである。

伊雑ノ浦の入口はきんちゃくの口のようになっており、潮の満ち引きはあっても、太平洋の黒潮がどっと入り込むという海域ではない。いったん汚れ出すとじりじりと汚濁が進み、回復はままならない。周辺の陸地では開発が進む。それも海を汚す原因の一つになってはいないか。最近の環境問題はこれが原因だ、と一つだけに決めつけることができない複雑なものがあって、悩むことしきりなのだ。原因を一つずつ究明していくことをしない限り、かつての豊かな浦浜は戻って来ない。たとえ小さな漁村であれ、切り捨てられては困るのだ。津々浦々で営まれて来た漁村の暮らし、その中には祭りも含まれるし、村人の生業《なりわい》とした沿岸漁業もしかり。それらすべてが漁村の文化であり、かけがえのない日本の宝物なのである。

古くから有るものを残すといふことも、やはり故郷を美しくする手段である。

これは、私の心に残る柳田國男の一文である。坂崎の村人たちは、一部省略はあるものの、少ない住民が力を合わせて、先人から受け継いで来た祭りを、絶やすことなく続けている。これこそ村を美しくする手段であろう。しかし、もっと人びとの暮らし、つまり、世わたりの仕事——生業——の場とも言うべき、アオノリ養殖漁場（沿岸漁場）を殺してしまっていないか。村最大の財産というべきこちらの再生あって、はじめて十全な故郷の美しさを誇ることが出来るのではなかろうか。

アオノリ養殖をはじめ、少なくとも海藻の養殖には、魚類のそれと異なり、餌がいらないという利点がある。ここを再認識したい。

（二〇一九・一・一／『月刊 漁業と漁協』二〇一九年四月号）

【参考資料】

柳田國男著『明治大正史世相篇』一九三一年、朝日新聞社刊

東京に漁村ありき
——海苔のふるさとを歩く

大森で人に会う

「私の生家は大森で海苔《のり》漁業がなくなるまで、ずっと海苔採りをしていました。海苔は一一月から三月までの仕事で、前日に採って来た海苔を、次の朝、早いときは夜中の一時二時に起き、海苔切りの仕事に掛かりました。それは女の人の仕事でした。あとになって、機械で切るようになりましたが、それまでは包丁を使っていましたからね。それが重くてね。指先にはあかぎれができて、血がにじみ大変な仕事でした。太い欅《けやき》の丸い大きな俎板《まないた》の上に海苔を載せて切るんですが、二、三人が丸く囲んで、ぐるぐる廻りながら切りました。寒くてね、体が震え上がりましたね」

このように話すのは、大森南三丁目にお住いの平林幸子《ひらばやしさちこ》さんである。若々しいさわやかな感じが体からあふれている。

道路から少し奥に建つ家を探しあて、玄関に佇《た》つ。美しい花々の鉢が私を迎えてくれた。左隅には南天があり、そのそばに里芋の一株が茎を直立させ、葉を広げている。一枚はちょうど落としぶみのように、くるくると葉が巻き込まれていた。右奥には、手入れのゆき届いた広い庭があり、黒松やさつきなどが植え込まれていて、ここだけが高いビルの街の中では別天地だ、と庭の緑の美しさに見とれた。

平林さんを訪ねることができたのは、一冊の本との出会いであった。『聞き書き 最後の海苔漁師たち――海苔のふるさと東京大森』である。贈り主は、「聞き書き・大田区民の会」の長尾《ながお》愛一郎《あいいちろう》さん。一七、八年前から、おつきあいのある人。長尾さんの伝手《つて》で、この本を出した仲間の、大森海苔のふるさと館の事務局長である小山文大《こやまふみひろ》さんに話が行き、それなら、と平林さんを紹介して戴いたわけである。

いつも思うことだが、人の縁ほど不思議なものはない。平林さんの二階の座敷で、出されたお茶を口にしながら、しみじみとこのことを思った。

海苔採り、アサリ漁のこと

「名前の読みは、さちこです。あなたと同じ昭和七年生まれです。この家のすぐ前の家で生まれました。祖父は松五郎、父は市五郎と言いました。母は静江と言いましたが、生家もこの近くでね。そこも海苔をやっていました。この近くはほとんどの家が、海苔漁師だったですよ。大森の海苔漁業は東京オリンピックですべてすっかり終わりました。かれこれ、五五年近くになりますけど、あちこちどこか漁村らしい感じのするところが残っていますよ。

私の家だけでなく、海苔やっている家だったら、子どももみな手伝いましたね。私なんか、一三、四のころから学校へ行く前の時間ぎりぎりまで、手伝っていました。潮の関係で父が早く海に行ったあと、父の仕事を引き継いで、海苔つけの仕事を手伝うとかね。それが当たり前のような暮らしでした。

祖父の松五郎の長男は久太郎と言いました。父の市五郎は後添えの子で、久太郎とは親子ほどの年が離れていましてね、私には、伯父《おじ》のことをおじいちゃんと呼ばせていました。久太郎の妹が母の兄の所に嫁いでいます。小学校へ上がるまで子守りがいて、私にとっては幸せな幼少時代がありました。母が働くため子守りを雇っていましたね。

父がね、怪我をしたんです。戦争中でした。たしか、昭和一七（一九四二）年だったかな。機械で足を怪我してしまって、海苔採りの仕事ができないから、と言って、海苔干場を鉄工所をやっている会社へ貸しましてね、父はその会社の社員になったんです。

揮毫した大作の前に立つ平林幸子さん

戦争中は大空襲があったりして大変だったんだけど、戦争が終わってから何もしないわけにはいかないからね、会社に貸した土地を返して貰って、そこをもう一度、海苔干場にしましてね、海苔漁師になりました。戦後は急にインフレになり、旧円は封鎖され、お札に証紙を貼って使いましたね。資材を手に入れるのにはお金が要りますし、物価はどんどん値上がりしましてね。現金がなかったから、アサリを獲って資金を稼いだわけです。学生のころ、ひと夏手伝いしました。アサリ漁で資材が揃えられたほどですから、家族がいっしょになって大分稼いだと思いますね。

ここからすぐ東の方は、以前は森ヶ崎と言っていました。そこの先の海でアサリ獲ったんですよ。

埋め立てもあまり進んでいない時代でした。アサリもたくさんいたしね。父が腰まで入ってジョレンで海の底掻いて、アサリを獲ります。掻き獲った貝を船に掬《すく》い揚げます。それを私が船の中で、アサリとハマグリとに選り分けてね。たくさん獲れてね。船いっぱいになりました。船が沈むほどだったですよ。選り分けたのを、近くにあった漁業組合へ売りに行きました。

選り分けているとき、空が急に曇ってきたことがあってね、雨脚といって雲がずっと下がって来るから見ていな、と父に言われました。見ていると、雲がしらっと海の上に下がって来るんですね。ポツポツと雨粒が海の上に落ちて来る。そのあとざあっと激しく降ってね。私、船板を頭に載せて、雨が止むのを待ったことがありました。

海から帰って来るとき、友達がね大勢、川で遊んでいるんです。私、それを見られるのが恥ずかしいから、帽子を深く被ってね。今は埋め立てられて緑地になっている、旧呑川《のみかわ》あたりでした。父はそのことを感じたのか、途中で私を船から降ろし、ここからひとりで家に帰りな、と言い、私は櫂《かい》をかついで、はだしで帰って来たこともありましたね。父ちゃんがひとりで行くと八〇円だけど、お前が手伝ってくれると一二〇円になる、という父の言葉に、私のこの微々たる力でも、父はこんなに喜んでくれる、それなら少しでも父の片腕になろうと、このとき、決心したのです。

ずっとあとになってからですけどね、父といっしょにお酒を呑《の》むことがあって、私がアサリ獲りから帰るのを、友達に見られるのが恥ずかしい、と思っているのを、父ちゃん分かっていてくれたんでしょう、と言ったことがあるの。そしたらね、父が横を向いてね、涙拭いたのね。そのとき、私、父の涙を初めて見たですよ。

横浜の方の磯子《いそご》にも海苔漁場がありました。棒立てとか棒抜きという仕事があってね、私、棒抜きの仕事に行ったことがあります。海苔網を張るために立てる棒で、真竹です。先を尖らせて海底から抜けないように、根元近くにわらを縄でしばります。それをアゴと言いました。海の中に入って抜きます。潮が満ちて来るまでに急いで抜いてね。それを一〇本ずつ束ねて、陸《おか》にかついで運び揚げました。抜くときは、鉄の棒を根元に突き刺して、アゴを竹からはがすようにしてね。そうしたのを揺するように動かして、一本ずつ抜き取りました。いつか鉄の棒で、アゴの中にいたカニの甲羅を刺してしまってね、かわいそうなことをしてしまった、と家に帰ってからもいつまでも思っていたことがありましたね。乙女のころのことですよ。

海苔の種付けは千葉の木更津《きさらづ》の方へ行きました。泊まりがけでね。男の仕事です。女は行かなかった。先方での食事の支度も男の人でしました。網を張ってしばらくして、その網の端を少し切って持ち帰ったのを、洗面器の水の中に浮かして、種が付いているかどうか、父がじっと見てね。付いているのが分かると、ああ、付いてる、付いてると言って、大喜びしました。あのときの父の笑顔は、今も瞼に焼き付いていています」

幸子さんの父への想いは、年とともに大きくなるようだ。そして、母への思慕もまた深い。

「私、昭和一九（一九四四）年九月に学童疎開で、富山県の氷見《ひみ》のお寺で二〇（一九四五）年三月まで生活しました。旅立つとき、母がね、鞄の二重になっている底の一枚を切って、そこへ一〇円札五枚、五〇円を入れてくれたの。もしあなたが東京へ帰ったとき、私らが死んでいなくなっていたら、この金を親類へ持って行って、お世話になるように、と言いましてね。私たちは二〇年三月に帰ったんですけどね。そのとき、このお金の中から五円で、黒い飴玉を買いました。だけど、片手にちょっとあっただけですよ。四月に大森高等女学校に入ったんだけど、そこが二〇年四月一五日の大空襲で焼けましてね、姉妹校であった戸板高等女学院へ転校しました。

氷見に着いたら、必ず、区長さんと校長先生に手紙を出すんだよ、と母は手紙の書き出しの文句も教えてくれました。今になって思うと、やはりいちばん尊敬するのは、父と母なんです。

みんな精一杯働いて、働き通しの家族だったんだ、と思いますけど、ないないづくしの時代を通り抜けて、そんな生活の中で海苔づくりひと筋の平林家だった、とそのことが誇りだし、懐かしいですよ。朝ご飯に焼き海苔を食べますとね、ふっと、あのころのことを思い出しましてね。海苔も今のは少し厚い感じだけど、簀《す》からはがすとき、破れるのがあってね。それは売り物にならないから、家で食べました。私たち、それをおかめと言っていました。ご飯の上に載せると、薄いから、海苔が動きましてね」


　幸子さんは、書を良くする。かな書きの書家として、幾つかの会の審査員を兼ねている。東京湾の潮風に吹かれて棒抜きをし、アサリ採りをした人と、今の落ち着いた書道の先生とがなかなか重ならなかった。縦横八尺と二尺の大きな紙に短歌一首を書く。こんな大きな作品のときは、座っては書けないから、立って腰を屈めてね、とさりげなく話をされる。太い真竹から細い毛筆の竹に握り変えての、八六年の人生なのだろう、と思った。

　いつの間にか冷たいお茶が熱いのに変わった。横の皿に

戦前からの防火用水。東京にふるさとありきの雰囲気が残る平林さん宅の庭

盛られた、瑞々しい笹の葉に包まれた麩饅頭《ふまんじゅう》がうまい。歯応えがあっておいしいですね、と話しかけたら、平和島駅近くにある享保元年からの老舗《しにせ》、餅甚《もちじん》という店のものだ、とのことであった。

幸子さんの静かなお住いを辞して、炎暑の道を歩いた。大きなマンションが建つ街である。それらに囲まれるように、古い建物が残る。これらの家はかつては海苔採りをした漁師さんたちの家ではないか、と想像をめぐらす。どこかに、ふるさとといった感じが漂っている。大森には漁村があったのだ、ここは漁業を営む人びとが暮らした場所なのだ、たしかにそれはあったのだ、と思いながら、息のつまりそうな空気の中を歩き続けた。

漁村の面影をしのびながら

平林幸子さんの話を聴いたあと、東京大森の街を歩いた。真夏の暑い日であった。道案内を引き受けて下さったのは、長尾愛一郎さん。二人は、暑い、あついと呟きながら、浦守《うらもり》稲荷から右へ行ったり左へ折れたりして、大森海苔のふるさと館をめざした。

マンションが多い。昭和三九（一九六四）年にあった東京オリンピックを境にして、大森の海苔漁師が廃業し、海苔の干場へアパートを建てて、収入の手立てを講じた人が大勢いた、と聞いたことがあった。三〇年ほど前のことだ。その後の長い年月の間に、五、六階建てのマンションが林立する街に変わった。ビルの谷間のような所に、かつては海苔採りをして暮らしてきた漁師の家ではないか、と思われるような家並みがあった。どこかに漁村らしい風情が感じられる街中の道を歩いた。

大森はお稲荷さんの街である。浦守稲荷をはじめ、新呑川の南には、開作、海運、村守などの稲荷があり、いちばん南に穴守《あなもり》稲荷が控えている。地域の産業である海苔漁業や人びとの暮らしの無事を祈る、庶民の信仰のよりどころであったのだろう。浦守稲荷は、混みあった街の中では、十分な広さを持つ社《やしろ》だが、白昼の炎暑の中、人影はなかった。

境内を抜けて北に向かって歩く。道は思いのほか狭い。漁村の名残を感じさせる道である。入り組んだ路地が続く。これでは消防車も入れませんね、と私は道案内の長尾さんに声を掛ける。行くほどに、二方から延びる道が出会い、広い商店街に接する所へ着く。そこに新しく建てられた道標が建っていた。

2筋の道路が合流する所に、
「旧羽田道」と彫られた道標が建つ

道標の前の天ぷらを商う店で、羽田道《はねだみち》のことを訊《き》けば、親切にも紙に書いて説明してくれた。何ともやさしい人びとの住む街である。それにしてもシャッターを下ろした店が、ここでも多い。

右だ、左だと言いながら、汗だくになって昼下がりの大森の道を歩き、旧呑川の緑地へ出た。ここは古くは海苔採りのべか舟の繋留場であった所で、昭和五七（一九八二）年に埋め立てられ公園となった。「聞き書き」の中には、次のような説明がある。

「大田区の中央を北西から南東にかけて流れ、支流を含めるとかなりの広範囲にわたり、灌漑《かんがい》用水、生活用水、ときには飲料水として生活に欠かせなかった。新呑川完成後は埋め立て整理され、旧呑川緑地という緑道公園になっている」

緑道を歩いた。大きく伸びた繁みの梢の下で蟬時雨を聴いた。

梢に透く何の古巣ぞ蟬時雨

石田波郷《いしだはきょう》の句集にある一句。

緑道を途中まで進み、左に折れた。しばらく行くと、また緑の植込みがあった。貴船堀《きふねぼり》の跡である。ここもかつては海苔船が行き交う場所で、品川沖の潮が入り込む、いわば小さな船着き場だった。

埋め立てられずに残った貴船堀川の一部。
左端の水門で平和島運河に続く

「堀は今、埋め立てられて緑道と公園になっちゃってる。中富小学校の裏手から先だけはわずかばかり水路が残ってます。—中略—（地図や航空写真を見ると）堀はいくつかの方向に枝分かれしているのがわりますけど、みな貴船堀って呼んでました」

これは「聞き書き」の中にある、貴船堀の船大工であった小島延喜《こじまのぶき》さんの思い出話の一部だ。腕のいい船大工であった人である。中富小学校の近くまで来た。小島さんの話にある、「わずかばかり水路が残って」いる所へ出た。そこはがっちりした堤防で守られている。が、ここも東京湾の一部なのである。ごく僅かばかり残されている貴船堀の川面を爪先立つようにして覗いたあと、さらに進んで少し高い場所に立った。ここまで来ると海からの風が涼しい。

前方に、これから訪れる大森海苔のふるさと館が望まれた。その間は美しい渚で、大森ふるさとの浜辺公園と名づけられている。白い砂浜が目に痛いほどである。一〇人ほどの子どもたちが、波静かな浜辺を、ひとり占めしていた。

大森海苔のふるさと館

白い渚がつきるあたりに内川の河口がある。以前は、内川も海苔船や漁船が出入りする河岸であった。東海道本線の蒲田《かまた》駅と大森駅のほぼ中間あたりの線路脇から、平和島運河の海域まで約二キロほどの細くて短い川だ。内川を渡れば目の前に、大森海苔のふるさと館（以下「ふるさと館」という）がある。「会館10周年」と書かれた大きな看板が目に飛び込んで来た。ここで事務局長の小山文大さんに会うことができた。

ふるさと館は、大田区立郷土博物館の分館として建てられた。大森を中心とした東京最大の海苔養殖漁業の歴史がひと目で分かる、規模は大きいとは言えないが、地域に密着した親しみのある博物館だ。入館は無料であるのもうれしい。

入館してすぐの位置に、海苔船とべか舟が並んで展示されている。海苔船の船名は伊藤丸。圧巻である。圧館というべきか。前述した小島延喜さんもこの船の建造に携わった人だ。二階には、国の重要有形民俗文化財に指定された、海苔の生産用具が展示されている。それほど広くはないから、じっくり見学しても疲れることはない。日本でもユニークな博物館として、もう一度訪ねたいと思う施設、と言ってよい。

館の運営管理は、特定非営利活動法人（NPO）海苔のふるさと会が、大田区から委託され、小山事務局長のほか七人のスタッフで、年間九万人の入館者を受け入れている。一年を通して催し物を企画し、それが月平均二回はあり、海苔つけ体験のほか、浜辺の生き物探検といった自然観察への目配りもある。各種の催し物が目白押しだ。暮らしとともにある博物館と言えるだろう。

「私自身は大森の出身ではないんです。北区の東十条から通勤しています。海苔のふるさと会の理

刈り取って来たヨシで作った束を摑んで
説明してくれる小山事務局長

訪ねた日、2階の学習室では、
小学生たちがタペストリーを作りながら、
紐で結索《けっさく》の仕方を学んでいた

事として、この館の責任者なのですが、そうは言いましても、海苔の生産のことは、この仕事につくまでは全くと言ってよいほど、分からなかったのです。大森でかつて海苔養殖をやった経験のある古老などから、いろいろ聞き、海苔付けの仕事や、ヨシを刈って来て海苔を干す簀《す》を編むことなど、いわば日本人の伝統と言える手仕事を、いっしょにやらせて貰って、体で覚えました。

仕事は段取り次第と昔から言いますけど、大森の人たちから、体全体を効率よく使い、無駄のない仕事のこつなんかを教わったわけです。

私も関わって来たのが三月に出版された『最後の海苔漁師たち』という聞き書き集です。海苔の養殖を通じて、東京の海とともに暮らして来た人たちの体験や暮らしぶりを、何人かの人と共同で記録に残すことができました」

小山さんはこのように話した。体験学習室の長机を挟んでのひとときであった。うしろには、近くの海辺で刈り取って来たヨシが、海苔の簀を編む寸法に切られ、それが束ねられて置かれてある。小山さんは、その束の一つを摑み、私に説明してくれる。横には編み上がった簀も用意されていた。これは実習のときに使うのである。

ちょうどその日、二階では「タペストリーをつくろう」という実習が開かれていた。許可を得て覗かせて貰った。一五人ほどの小学生が楽しそうに紐を組んで、タペストリーを作っている。

「海苔網を編むときや、船を繋ぐときに漁師さんが結ぶ、綱の結び方を取り入れて、タペストリーを編んでいます」

このように小山さんは小声で話される。子どもたちは、とっくり結びやはた結びといった紐の結び方の写真のコピーを見ながら、タペストリー作りに余念がない。静かな教室であった。

「普段の生活からかけ離れてしまった海、自然とともにあった暮らし、手仕事の工夫など、いつの時代でも忘れてはいけないこと」、とは、この『聞き書き』にある小山さんの言葉なのだが、ふるさと館は、この思いを次の世代に語り継いでいってくれるだろう、と確信した。日本人のふるさとのひとつである漁村の暮らしを、語り継ぎ、文化として残していこうという人びとが、ここにはいる。

私のこの小文を読まれた方は、どうか一度、この大森海苔のふるさと館を訪ねてほしい。必ずや、海とともにあった人びとが暮らした場所、つまり、日本の原郷のひとつを見つけることが出来るはずである。私はこの思いを胸にたたんで玄関を出た。小山さんがひとり私たちを見送ってくれている。芝生の庭を通り、木立ちの道を歩き、平和島駅へと急ぐ。ここでも、午後の夏の陽を受けて蟬が鳴く。蟬時雨を背中に聴いて歩き続けた。

(二〇一八・七・三〇／『月刊 漁業と漁協』二〇一九年二月号、三月号)

「貝藻くん」を訪ねて

――岡山県児島で聴いた話

「貝藻くん」に会いに児島へ

「貝藻くん」とは何だろう。貝や海藻を原料にして作った食品か。そうではない。それらを絞った汁を使ってできたサプリメントか。そうでもない。これは、「貝殻で作った魚礁」のことである。考案したのは片山敬一《かたやまけいいち》さん。現在は、息子の真基《まさき》さんを中心とした研究スタッフで改良を続け、全国各地の漁場の藻場の保全や、魚介類の生育場づくりに活用され、その成果が高く評価されている、水産業界で脚光をあびている製品のことである。その「貝藻くん」を訪ねた。

岡山駅で瀬戸内海を渡る快速列車マリンライナーに乗り、児島駅で降りて片山さんを訪ね、話を聴いた。もう二二年も前になるが、一九九七年一一月一九日に片山さんに会っている。三重テレビ放送が環境問題を取り上げる番組を制作したとき、スタッフに同行したのがはじめで、あれ以後二二年振りの再会であった。当時、貝殻を使った魚礁づくりが軌道に乗り始め、それは、シェルナースと名づけられ、関係者から注目されていた。貝殻《シェル》でできた看護師《ナース》、それは看護の名の通り、やさしい目で温かい言葉をかけて海を守る、という気持ちを込めてのネーミングだろう。ナースには、（大事なものを）撫育《ぶいく》するとか、大切にする、といった意味もある、と辞書には書かれている。

きれいに整頓された会議室で話を聴いた。

創業者片山敬一さんの話

「一九四三年生まれ、七五歳です。今は、事業の方は長男が中心でやっていて、私は彼等の相談相手のような立場です。私はこの先の下津井《しもつい》の漁師の家で生まれました。父親は延縄《はえなわ》漁の漁師で、私なんか子どものころから、父親の手伝いをしました。私は素潜りの漁師でした。ウエットスーツがまだなかったころで、アクアラングをつけて潜りました。四、五年ぐらい続けたのかな。年を追って魚も貝も獲れんようになってね。だから、下津井の漁師も減って、私等のころには二〇〇〇人ぐらいいたのが、今は二〇人いるかいないかですよ。落ちるところまで落ちた、という感じ。どの浦浜でもそんな感じでしょう。今は、このあたりの漁師は、五〇歳台が若い方です。落ちてしまってもこのままではいかん、日本の漁業の再生のためにと、少々大げさかも分かりませんが、この事業を続けています」

伊勢湾のコウナゴ漁も試験操業の結果がゼロで、今年も禁漁、これで四年続きだと告げたら、瀬戸内海でもすべてのものが減っている、と片山さんは相槌を打つ。

製品の倉庫前で話す片山敬一さん

「タコも少なくなったしね。瀬戸内海ならまず明石、タイでもそうです。あそこは京阪神という大消費地があるから、いつも値はしっかりしていたんだけど、こう獲れなくてはね。タコでは明石の次が下津井、その先へ行くと三原、尾道なんかが知られていたし、因島《いんのしま》あたりの島々もいいのが獲れたんだけど、減っているようですよ。

昭和四〇年代の後半からか、岡山県で海洋牧場をやろうという声が出てきました。それで海の中へいろいろな物を投入した。沈船もしました。それでも初めのうちは、どういう所に魚がいるか、海底はどうなっているのか、このような精密な調査をしていなかった。それを私等が、投入後の実地調査をして、その結果を踏まえて、内部に空間のあるコンクリートブロックを作りました。その技術と効果を基礎に、シェルナースを誕生させたんです。

シェルナースというのは、カキやホタテの貝殻を活用した人工魚礁で、貝殻の重なりによって複雑な小空間ができ、エビやカニ類、ゴカイなどの幼稚魚を保護する基礎である、と言えます。それを小型化したのが「貝藻くん」です。重さは六〇キロですから、陸上では二人程度で運搬できるし、海中では半分の重さになりますから、漁業者で設置することも可能なわけです。「貝藻くん」の大きさは、幅六〇センチ、長さ五五センチ、高さ四五センチです。貝殻をメッシュケースに充填したのを、コンクリートで作ったベースにしっかりと組み合わせてあります。

沈めたものを五カ月たって調べてみました。広島県での結果ですが、メバル、カサゴ、オニオコゼ、アイナメ、マダイといった各種の魚、それに稚ナマコや稚ダコも棲み付いていました。

行政では、水産にくわしい人物が、長くずっと担当していくとは限らないですしね。幸い、岡山県の場合は、私は水産を一生の仕事としたい、と頑張ってくれた人がいました。現場に行けば、自分で潜って海の中を調べるような人材に恵まれていたこともあって、私たちの仕事には幸いしたわけです。しかし、組織の中では、必ずしもそうばかりとはいかない。潜水調査なら、外部のコンサルタントに委託すればいいじゃないか、とくる。磯の奥の奥まで見てくれればいいけどね。徹底的に調査するというのがうちの強みです。沈設するにはどう配置するか、高さはどうか、潮の流れがきついからもっと大きいのが要る、こんなことの細部の検討をしてから、実行となります。

貝殻を詰めるのは、実施する所の漁師さんたちにやって貰う。都道府県の担当課と相談して、地元の貝殻を使います。どこかでまとめて買って来てやれば、いちばん手っ取り早いんだけど、あくまでも現地調達です。あなたの海はあなたたちでいい海にしましょう、というのが最初からの、私たちの海への想いなんですからね。浜の漁業者自身で海をよくしよう、というのが最初からの大前提です。貝殻を山で使うのも決して悪いとは言えませんが、海のものは海に返す。そのために浦浜の人たちがみんなそれへ参加して、日当を貰えばいい。働くんだから労務日当を貰うのは当然のことでね。

「貝藻くん」のこれからの活用には、漁港の中へ沈める。こんな考えもいいんじゃないか、と提言して、実行しています。沖じゃないから、漁業者自身の目も届きやすいでしょう」

「貝藻くん」を造るのは、海洋建設（株）水産研究所である。今までにたくさんの表彰を受けて来

「貝藻くん」の完成品。
コンクリートの土台に取り付けられている

た。それらは、特許庁、文科省、農水省、岡山県、日刊工業新聞社のほか、五指に余る。二〇一八年七月には、第二〇回国土技術開発賞を受けた。主催は国土技術研究センターで、国交省が後援した。創意工夫やアイデアあふれた技術が評価されたのである。ブロックを小型化したことにより、製造コストの削減、漁業者の雇用創出などが認められた、と表彰理由が印刷されたポスターが掲げられている。海とともにある企業であり、漁業者と手をたずさえて、豊かな漁場づくりに取り組む片山さんたちの意気込みは、ますます盛んである。

地元の漁業者による詰め込み作業
（海洋建設提供）

海藻類の増殖を試みる島根県の人たち
（海洋建設提供）

「貝藻くん」の置場へ

製品置場へ案内して貰う。自動車で走る途中、もう三〇年も前になるだろうか、三重県の熊野灘の漁村、白浦《しろうら》（当時海山町、現・紀北町）で、シェルナースの沈設するのを、船に乗って見たことがあった。あのときの漁協長の名前などを思い出して話した。そんなこともあったですね、と片山さんは言う。小さい漁協であったが、二〇年も三〇年も先を見てのシェルナースの投入であった。組合長さんは私より三つ四つ年上で、あの辺鄙《へんぴ》な所から、当時の水産学校へ行ったのだから、村びとの漁業へかける思いは、今とは比較にならないものがあったのだろう、このように私は話した。

ちょうど出荷するトラックが製品を積み込んでいる所であった。製品は整然と積まれている。中に、ホタテの貝殻を組み合わせたのがあった。貝殻と貝殻には少し隙間が作ってある。

「あの隙間へ、小魚やエビが入るんです。出たり入ったりして大きくなる。隙間をどれだけにするか、研究はまだまだ続きますよ」

このように話して、片山さんはトラックの運転手に、ご苦労さんと声を掛けた。積み込まれた荷は、どこの浦浜へ運ばれるのか。

今までの実績は二四府県である。会社が岡山県にある関係か、実績は西が多く、中部から北、秋田、岩手などがこれからの進出地域である。今までの採用基数は四七八五、カキの貝殻は日本各地の沿岸で、二度の役目を果たしている。豊かな海づくりへの貢献の期待は大きい。「貝藻くん」は藻場の造成だけでなく、種苗放流の受け皿としても有効だ、と並べられた製品を見て、片山さん

太い竹竿に吊り下げられた干《ひ》ダコが並ぶ下津井の岸辺。
後方に瀬戸大橋が見える（1997年）

は話す。「水産多面的機能発揮対策」といった、国の補助事業もあるらしい。漁協のやる気次第と言えるだろう。

雨が降り出した。児島駅まで送りましょう、と私をうながす。広い道路を走って、JR瀬戸大橋線の高架が横に構える所で別れた。岡山行きの快速列車を待つ。乗客の多いホームに雨が降り続く。人混みの中に立ちながら、ふと、ジャン・コクトーの詩を口ずさんだ。

私の耳は貝の殻
海の響をなつかしむ

堀口大學《ほりぐちだいがく》の名訳として知られた二行の短詩である。帰ってから、俳句歳時記などでカキの句の幾つかを探した。

牡蠣殻を積みては山を高くする　山口誓子《やまぐちせいし》

牡蠣殻を築地となして牡蠣部落　三好潤子《みよしじゅんこ》

後者は大阪の人で、誓子主宰の「天狼」の同人であった。師の一句は、広島でのもの、牡蠣の句の五句の中から選んだ。

（二〇一九・三・六／『月刊 漁業と漁協』二〇一九年九月号）

加賀の海に生きる人びと
――定置網の女船頭とイワガキを獲る海士

若い女漁師の話

金沢行きの特急「しらさぎ5号」に乗り、小松で各停に乗り換えて美川《みかわ》駅で降りた。約束通り、改札口の前で浜辺佳世《はまべかよ》さんが待ってくれていた。わざわざお出迎え頂いて恐縮です、と言えば、「そんなことございません。私、浜辺佳世と申します。石川県漁協の美川支所に所属していて、定置網をやっています。若輩の女船頭です」

てきぱきとした口調の話しぶりである。これが初対面の挨拶であった。黒いTシャツを着たさわやかな服装の人が、とにかく港へ行きましょう、と自動車に乗るよう私に勧めた。運転しながらも話はとぎれない。

「美川からずっと北の富来《とぎ》に、もうひとつ富来定置部というのを経営しています。二八歳で結婚して、今、三八歳です。結婚するまでは、魚とは全く違った、ファッションの仕事を金沢でやっておりました。人の縁というのは不思議なもので、そのころに主人と知り合いました。能登の定置網の網元でした。そんな縁で漁師になりました。海が大好き人間なんです」

こんな話を聞いているうちに、早くも港に着いた。美川漁港は小さな港である。手取川《てどり》河口にできた川港である。手取川は上流からの土砂が堆積し、河口でも水の流れは細いと言ってよい。海に入る所は特に狭い。美川大橋からすぐ下流の右岸の一部に水門を作り、そこから海水を入れ、泊地ができている。狭い港の岸壁には大小の漁船が繋がれていた。聞けば、大半はレジャー用で、本格的に漁に出る船は四隻か五隻ぐらいだろう、とのことであった。

浜辺さんは石川県漁協美川支所の二階の部屋を借りてくれた。支所の女子職員も、どうぞ二階を使って下さい、と気軽に声を掛ける。

「六年前に、生まれ在所である美川の老人が訪ねて来てね。その人、竹内次男《たけうちつぐお》さんという人、私が小学生のころ、可愛がってくれた人で、三年ほど前までは現役の漁師でした。この人が言うのに、美川の定置網をあんたの所でやってくれないか、浜辺漁業で経営してくれないか、という話を持って来てくれたんです。主人と話し合ったあと、美川は故郷だし、経営は成り立つ、と判断しましてね。富来の方はほかの人たちに任せて、美川でも定置網をすることにしました。美川に住所を移し、美川支所の組合員になりました。

私は今の日程表は、大体二時半に港を出ますので、起きて顔洗うだけです。朝ご飯は漁から帰ってからですね。一五分ぐらいで漁場に着きます。次に網を曳くのに二〇分から魚の多いときは三〇分ぐらいかかります。四人ぐらいでやり、私が船頭です。三人のうち、ひとりは若手であと二人は六〇歳ぐらいでしょうか。

定置網はどこの網も大体同じような形をしています。網の中ほどに横に真っすぐに出た道網があって、群れで来た魚がそれに当たって、方向を変え、運動場《うんどうば》という広い網の中に入り、次に箱網に移り、そこから次の先の落とし網に入ります。落とし網に入ったのを曳き揚げるんですね。集まっている魚をタモ網で掬《すく》ってハッチに入れ、氷水を掛けて締める、というのが仕事の順序です。大体一時間ぐらいですかね。魚の大漁のときはもう少しかかります。

休漁日は決まっていません。時化《しけ》の日が休み。朝、港へ入って魚を揚げます。仕分け台に魚をひろげ、魚種別に選別してね。それを、すぐ横のキトキト朝市に出して販売します。ここからは私は魚屋さんに変わるの。朝早くから待ってくれていたお客さんに売り捌《さば》きます。遠くから仕入れに来て下さるすし屋さんもいるし、大勢の常連さんが来てくれますよ。前の日の価格で売るようにしています。市場は朝が勝負、僅かな時間です。ありがとうの連呼ですが、これはお客さんへのお礼の言葉であるとともに、目の前にひろがる加賀の海への感謝の言葉なんだ、と思っているんです。

早朝のキトキト朝市

　定置網でとれるものはサゴシ、これはサワラの小さいのですが、大きくなったサワラも入ります。アジは一年を通して獲れますね。それにヒラマサですね。大体二キロぐらいあるかな。ブリに似て大きいですし、味もいい。獲れた魚によりますけど、いい日は四〇万円ぐらい、少ないときで一五万円ぐらいですかね。漁獲高はその日によって違いますね。それに冬はできないし、大体一年で一〇〇日、と考えればいいでしょう。いつかアジが獲れて獲れてね。船に乗せきれんぐらい獲れたこともありました。これが漁業の面白味というのかな。一〇月から二月までは休漁、その期間はもっぱら網の修繕です。

祖父は美川の漁師でした。五智網《ごちあみ》でタイを獲っていましたね。父は料理人、私は小っさいときから、父の手伝いをしていたから、子どものころから魚を捌くことができたですよ」

五智網というのは、鯛手《たいた》ぐり網といわれる曳き網のひとつだが、曳いて獲るのではなく、長い網に魚の群れを追い込み、驚かしたり、網にからめたりして獲る網漁である。

「定置網漁のほかにイワガキを獲ります。これは海女《あま》としての仕事。でもこのあたりでは海女は私ひとりですよ。バール一本を持って潜って行って、イワガキを岩からはがしてね。大きなゲンコツガキです。おかげでこれはいい収入になるんです。四月半ばから八月半ばまで。八月の中旬になると卵を持って来ます。それまでが漁期です。イワガキはいい値がします。握り拳ぐらいの小さいので、一個三〇〇円ぐらい、大きいものになると五〇〇円はしますからね。獲ったものは、表面のごみなんかを取り除いて、それから出荷だから手間もかかりますよ。

このイワガキが年々減ってしまって、獲れなくなって来ました。全滅の状態に近いです。ここから大分北の方の漁村の漁師たちから、イワガキを獲らせてくれ、と組合の方に申し入れがあってね。こんなにひどくなるとは思わなかったのでしょう。総会でもいいだろう、と認めたんですね。そのあと、あっという間に獲りつくされてしまって、場所によってはひとつもいなくなってしまったの。漁業者ひとりから年間一〇万円の漁場料を貰ったらしいけど、その人たちは八人ぐらいいらしいですが、私たちの地先の海で一人で何百万円の稼ぎをしています。せっかくの共同の資源だと大事に守って来たのに、こんなことになってね。他所《よそ》の人を入れたら、磯根資源はアウトですよ。

ワカメ採りは三月初めごろからです。ウエットスーツを着て潜って刈り採ります。海岸の磯の上にテトラポッドがずっと置いてありますが、そのあたりによく伸びたのが繁っていましてね。初めごろのものは生で一キロ一〇〇〇円ぐらい、春たけて来ますと、四〇〇円ぐらいまで下がります。生のまま出荷するより、少しでも値が付くようにと、最近は塩蔵ワカメにして出荷するようにしました。大釜で湯煮したのを冷水に浸け、そのあと水切りをして食塩をたっぷり振り掛けて、塩もみします。余分な水分を取り除いたのを、袋詰めにして出荷するのです。

メカブの活用を考えましてね。物は試しと、メカブに塩を振って天日に干します。よく乾くとメカブは一〇円玉ぐらいの丸い葉のようになりますが、それを茶葉の代わりとして煮立った湯に入れますと、とろっとした飲みものができます。私はこれをあえてワカメ茶と言っています。塩味がしておいしいんです。

命がけで取って来たものばかりですからね。捨てる前に何かできないか、と考えてみるんですね。自然の恵み、海から戴いたものを大切に活用しよう、こう考えているんです」

あすの朝、市場へうかがいます、と約束した。市場の大きな看板の「キトキト」の意味を訊《き》けば、「新鮮な」というこの土地の言葉だ、と佳世さんは言う。関西で言う、「とれとれの魚」ですね、と私は応じた。

大先輩、竹内次男さんの話

向こうの網干場に竹内次男さんがいるから、と教えてくれた。キトキト朝市の先である。そこまで歩いて行って竹内さんに言葉を掛けた。古老は、炎天の下で無心に網針《あばり》を動かしていた。

炎天下で無心に網針を動かす竹内次男さん

網の破れを直す浜辺佳世さん。
休む暇なく体を動かす

「昭和五（一九三〇）年生まれやでもう八九歳です。家は米屋やったけど、私は次男坊やから漁師になった。なりたての頃は刺網でイワシを獲ったですわ。そのあと底曳きでカレイやタイも獲ったね。九州へも行ったですよ。長崎県の平戸《ひらど》島の田助《たすけ》という、島ではいちばん北の漁村やった。刺網でイワシ獲りや。網の長さは五〇尋《ひろ》、大体七五メートル、深さは一八尋ぐらいやから二七メートルほどの大きさのを一八網ぐらい積んで行ったね。二七歳から三年行ったかな。三人で行ってあちらの人を何人か雇う。大漁のときばかりではないし、赤字のときもあってね。不安定なもんやった。

雇った平戸の漁師は思うように働いてくれんしね。家は借らんならん、漁場料も払わんならんしね。苦労したな。帰ってからタイ専門の五智網をやった。土佐から漁師が来て、やり方を教えてくれましたな。獲れて獲れてね。五月、六月は大きいのが獲れた。サクラダイや。そのあと産卵が終わると安くなったな。

平戸へ行ったころは若かったでな。漁が終わると、三〇分歩いてよう映画を観に行ったもんさ。長谷川一夫や田中絹代の時代や。今思うとなつかしいな」

竹内さんは網針を動かす手を休めず、うつむき加減で話す。首筋に汗がにじんで光った。

その日の宿は、港の近くに決めた。「沢のや」ならすぐそこだけど、ご案内しますよ、と浜辺さんは私の先に立つ。小さな玄関の脇にはムラサキシキブの細い枝が、遠来の一人旅の客を迎えた。敷石が二つあり、その狭い庭で、ヒメヤブランであろうか、紫の小花が美しい。生花が飾られ、清潔な雰囲気が満ちていた。いい宿にめぐり会った僥倖に感謝した。汗を拭おうとタオルを広げたら、

枝豆の皿に吹き込む潮の風

の一句が織り込まれている。女将に誰の作かと尋ねたら、その人は白尾真砂女《しらおまさじょ》、主人の母です、と教えてくれた。

朝風の吹く白い汀《みぎわ》で

一夜の宿、沢のやの料理がよかった。まさにキトキト（とりたての）の魚が使われ、丁寧な仕事ぶりが目に鮮やかで、口においしいやさしい味であった。膳の上には、スズキの南蛮漬がある。ころ合いを見て出されたカレイの照り焼、これもうまい。テーブルに置かれた紙の上に、これこそ「口福」ですね、と二字を書いて女将に告げた。ひと箸であったが、地元名産のフグの粕漬で食が進んだ。障子を引いて外を見る。手取川に架かる美川大橋が街灯に照らされている。夜の空に雲が流れた。あすの漁はいかばかりか、朝寝をしないためにと、早目に床につく。美川大橋の外側の北陸自動車道を跨《また》ぐ手取川橋を走る車の音が、かすかに枕元に届いた。

五時半に港へ行く。隣に建つキトキト朝市には何人かの人の声があった。浜辺さんが客に水揚げしたばかりの魚を売っている。勘定をすませたあと、私に顔を向けた。

「先生、けさは駄目だった。ぜんぜん獲れなくてね。だからいつもよりうんと早く帰りました。もうすっかり売れてしまいました。大勢の人に帰って貰いました。この仕事、水ものですね」

「定置網漁は、泳いで来る魚を待って獲る、いわば『待ちの漁』だから当たりはずれはつきものですよ。これこそ水商売というものだ」

私はこのように冗談混じりに話し、二人は顔を見合わせて笑った。少しばかりの魚が籠に入っていた。イナダですな、と呟くと、ひとりの漁師が、フクラギだ、と告げた。ブリは出世魚で大きくなるにつれて名が変わる。加賀の漁師は、小さい方から、アオコ、フクラギ、ガンド、そしてブリと呼び名を変えると教えてくれた。自動車でやって来た料理店の主《あるじ》と思われる人が、売り切れと聞いて、そりゃ残念や、と言葉を残して去って行く。三和土《たたき》にはきのう獲れたムロアジを開いて醤油漬にしたのが、せいろに並べられている。陰干のためか、扇風機の風で乾かしていた。

「ムロアジはここでは売れないから、捨てるのももったいないでしょう。だからこんなにすれば貰ってくれる人もいるか、と思ってね」

佳世さんはこのように話す。

海岸へ案内しますと、自動車で堤防まで走ってくれた。朝の白い汀に立った。手取川を挟んで、南も北も一直線に海岸が伸びている。河口の右岸すぐの所の砂浜に立った。流木があちこちにかたまって残されている。

「この間の大雨で上流から流れて来たごみですよ。浜いっぱいに打ち上げられた流木だったんだけど、みんなで掃除をしましてね。やっとこれだけに片付いたんです。時には年輪が何百年といった古木も流れて来ますね」

こんな話を聴きながら砂浜に立っていた。海に出る漁船が港から出て来る。

「河口に砂が溜まって航路が狭くなっていましてね。右岸の方だけがやっと通れるんです。あれは刺網の船ですよ」

話の通り、漁船はわれわれが立つ右側の堤防に寄り添うようにスピードを出して、沖を目ざして出て行った。

「あちらが私たちがイワガキを獲る磯です」

佳世さんは、南の方の見え隠れする磯を指さす。川から北側の海辺はテトラポッドが置かれている。ワカメを刈るのは、テトラポッドの並ぶ所だ、という。朝の浜風が体をなでる。かすかな朝の海風に秋を感じた。

イワガキを獲る海士、岩《いわ》さんの話

「岩さんに九時に来てくれるように頼んでありますから、朝ご飯をすませて、もう一度、美川支所の二階で話を聴いて下さい。この人は、私がイワガキを獲るために海女を始めたときからの師匠さんです。イワガキ獲りのことなら、いちばんよく知っていますからね」

美川行きを決めたとき、もうひとり話を聴きたい、と頼んでおいたのである。佳世さんの段取りのよいのに感心し、やはり仕事は段取り次第、という昔からの言葉は、ここでは立派に生きている、と思った。

九時前に宿を出た。港まで送りましょうか、と主は言う。近いから歩いて行きますよ、と答えて、お礼の挨拶をした。主が玄関に立って私を見送ってくれた。これから会う岩さんはイワガキ獲り専門の海士さんである。船で魚を獲る漁はしていない、と佳世さんから聞いていた。九時ちょうどに石川県漁協美川支所の玄関で落ち合うことができた。きょうも二階の部屋を借りて話を聴いた。

「岩信雄《のぶお》と言います。昭和二六（一九五一）年生まれ、今、六八歳です。美川ではなくて、北の方の柳田村という所で生まれました。能登半島の臍《へそ》と言われた農村でね。だから、生家は農家でした。冬になると、おやじは毎年出稼ぎだったですよ。石川県下のほか、愛知県あたりまで行ったらしい。私は五〇歳のとき、美川へ来て漁協の組合員になり、海士でイワガキを獲っています。美川の海はいいイワガキが獲れていたんだけどね、それを狙ってやって来る漁師がいて、とことん獲りつくされてしまった。この少し北の能登の方の漁村の漁師八人組が、大分前から獲っていたらしい。獲らせてくれと漁協に申し入れがあって、ひとり一年一〇万円の漁場料で認めてしまったわけ。ずっと以前から密漁もあったらしいですよ。

ご覧のように、ずっと続く浜だから、波打ち際までイワガキを積む道具を持って行って、獲ったものをキャタピラーで運ぶ、こんなやり方がずっと続いていてね。毎日来て、獲りつくしてしまったですよ。あちらは金払っているから獲れるだけ獲る。先のことなんか考えていないからね。自分たちの磯じゃないんだからな。根付けのものは、獲りつくしてしまうと、回復は容易でないんです。

美川漁港の泊地を背にして立つ岩信雄さん。後方左上が水門、遠くに北陸自動車道が望まれる

小松、根上《ねあがり》、美川、松任《まっとう》という地区がひとつの共同漁業権を持っているんだけど、先ほど言ったように、彼らは、俺たち漁場料払っているんだ、と言うわけ。ひとり当たり僅か一〇万円で、ひと夏何百万円の稼ぎをするんだからね。一〇万円ぐらいただのようなものですよ。

あそこの連中は富山の方へも行っておったらしい。しかし、あちらでは見るに見かねて、もう来ないでくれ、ときっぱり断ったと言いますよ。八人の侍が北も南も荒らしたんだ。こちらは年取った者が多いから、あまりきつく言う者もおらんしね。イワガキ獲りに限って言えば、加賀の海はまるで戦国時代だな」

「やられっぱなしでは駄目ですよ。組合員が揃って漁協へ言う。そこから石川県の漁政課とか関係する窓口へ、現状を言ったらどうでしょう。漁業調整委員会という機関もあるはずですがね。やられっぱなしでは、これからの美川の海で生きようと思う漁業者はたまったもんじゃないと思いますけどね。漁協も合併が進んで、どこへ行ってもかつてのように、組合長がにらみをきかせている、ということもなくてね。日本中、どこの浦浜でも漁師の嘆き節ばかりの時代になりました」

こんなことを言い、もう少し話を聴いた。

「イワガキ獲りは、今年は四月三〇日からでした。毎年、ノロウィルスの検査を受ける必要があってね。五月の初め検体を出しました。むき身で五〇〇グラム持って行くと、五日目に結果が分かる。検査料は三万四二〇〇円でね。佳世さんと二人で組んで出して、検査料を折半していますよ。イワガキ獲りは八月一三日に終わりました。獲って来たのを、私は瓦を割るハンマーを使って、殻の表面をこすってきれいにしてね。そこへ真水を掛けて流水殺菌をします。

漁は、朝早いです。夜明け前に出てね。三時半には出ますよ。時間制限はない。二時間半ぐらい潜って、獲ったのを掃除するやら、いろいろ仕事があるからね。午後二時に出荷終了です。潜るときは、ウエットスーツを着ます。冬場はオーダーメイドで、上下で六万八〇〇〇円。それでもうまく使えば一〇年は持つからね。夏場は安いです。これはダイビングの店で売っているので、十分間に合いますよ。

稼ぎは、一日一〇万円から一二万円ぐらいです。私らは毎日やるわけでないし、期間も大体一〇〇日間ぐらいだしね。小さいのは、三年辛抱したら大きくなると残して置いても、例の八人組がやって来て獲って行く。まるで泥棒に追い銭だな。アサリの密漁もあるしね。浜にアサリ獲るな、の看板が立ててあっても、あの連中は平気なものでね。見つけると注意するんだけど、そんなものあったか、ととぼけています。

私はイワガキのほか、アワビやサザエも獲ります。クロアワビの五〇〇グラムぐらいの大きいのが獲れますが、近年減って来ていますよ。今までは、年一七〇キロぐらい獲ったけど、今年は八五キロ、ちょうど半分です。稚貝がうんと減っているようだし、サザエも小さい。海藻が少ないから、それも原因だと思います。アワビは一〇月から年明けまでは、産卵する時期だから禁漁です。

海へ行かないときは、除雪作業に行きますが、雪が少なくなって来た感じでね。地球の温暖化が原因だろうと、みんなで言っているんだけどね。イワガキ獲りもあと一〇年はできそうでも、こう乱獲が続くと、それまでに絶えてしまうのではないか、そんな心配をしますよ。取り越し苦労でなければいいが」

会議室の窓から、港を見おろすと、前方にがっちりとした水門が港を守っている。岩さんが横に立って話す。

「あの水門は波があれば閉まります。この間の大雨のときもそうだったですよ。川の水を引き入れているから、こんなに濁っているんです」

港は泥水で濁っていた。淀んだ水面に、ぎらつく昼の陽が跳ねて光った。

（二〇一九・九・六／『月刊 漁業と漁協』二〇一九年一〇月号、一一月号）

丹後、間人で人に会う

――間人ガニのことなど

三六年漁協ひと筋の人の話

丹後半島の袖志《そでし》の知人、平賀喜久子《ひらがきくこ》さんから、三六年の長い間、漁協ひと筋に頑張った友達を紹介するからいらっしゃい、という連絡を貰った。秋の彼岸、二四日に出かけた。京都駅の長い通路を駆け抜けて、三一番ホームへたどり着いたところ、朝からの倒木の事故で特急「はしだて3号」は、昼過ぎまで動かないと知らされた。困ったなと心が迷う。ままよそれなら新大阪駅まで行って、宝塚を通って福知山へ出よう、と考えた。駅員に尋ねたらこの切符でよい、という。二時間遅れて網野駅に着いた。駅頭で二人に会う。平賀さんが、「この人が田中郁代《たなかいくよ》さん」と紹介してくれた。宿のロビーで話を聴く段取りで、平賀さんの軽自動車で間人《たいざ》まで走る。曇り日で高波が岸に寄せている。前の二人は、今年は彼岸花の咲くのが遅い、などと話している。夕方のひととき田中さんの話を聴く。平賀さんも同席してくれた。

田中さんは昭和二一（一九四六）年、つまりベビーブームの時代に長崎県佐世保市で生まれた。四人きょうだいの三番目だった。小学校四年生のとき父親が亡くなった。誰かひとり伯父《おじ》さんの所で世話になれ、ということになり、じゃあ私が行くと、郁代さんが手を挙げ、高知県にいた母親の兄の伯父の世話になったという。たとえ身内であれ、幼い子どもが家族と別れて遠い土地で暮らしたのだから、子どもなりに度胸がすわっていたのだろう。中学校を出て諫早《いさはや》にあった経理学校で簿記などを習得したが、やはり高校だけは出たいと思い、こんどは京都にいた母の弟の叔父《おじ》を頼り、御所の前にある鴨沂《おうき》高校の定時制に入った。卒業後は経理専門の仕事をしていて、京都にいたとき間人の人と結婚した。名古屋でも仕事をしたが、夫の親たちに間人へ帰って来たら、と言われ、家族で移り住んだ。幸い、経理ができることで、間人漁協の職員に採用された。一九七三（昭和四八）年である。

秋の彼岸の9月24日、宿のロビーで平賀喜久子さん（左）と田中郁代さんから、間人の話を聴く

「当時の組合長さんが声を掛けて下さってね。それ以来、平成二一（二〇〇九）年まで三六年間、漁協の仕事ひと筋、漁協合併を三回経験しました。まず町にあった小さな漁協が合併して丹後町漁協になり、次が京丹後市の漁協がまとまりました。三回目は京都府下全体で、京都府漁業協同組合ができるとき。合併のための会議によく出席しましたね。

一三年前に夫は亡くなったんですが、夫は半年近く豊岡の病院に入院していました。私は仕事をすませてから病院へ行って泊まり、翌日は舞鶴での合併の会議に出る、といった忙しい、心安まらない生活が続きました」

田中さんの横に腰掛ける平賀さんは次のように話す。

「何しろ田中さんなくては漁協は回っていかない、と誰もが認めていましたからね。組合長さんも、この人には一目《いちもく》置いていたですよ。女の人で漁協の参事になったのは、京都府下ではこの人ひとりですからね」

この言葉に繋いで、田中さんは続けた。

「参事のとき合併の会議が多くてね。平成二〇（二〇〇八）年に府下すべての漁協がひとつになりました。これを機会に退職をと決心したんですが、残務整理なんかがあってね、もう少しいてくれ、と言われました。一年お手伝いをして辞めたんです。合併したのはいいんだけど、あちこち漁協の建物だけが残ってしまいました。大型定置網も少なくなったしね。間人の底曳網が活躍しているだけですよ」

平賀さんは次のように言う。

「間人のカニを日本一のブランドにしたのが、田中さんなんですよ。商標登録をとるといった普通では考えられないようなことを、率先してやったんですからね。組合長さんもそりゃ無理やろ、と言うのを、この人のセンスとやる気で勝ち取ったんですから、丹後の海の女ここにありですよ」

間人ガニのこと

冬の味覚の王者とも言うべきズワイガニは、獲れる場所によって名が変わる。島根、鳥取ではマ

間人ガニ（ズワイガニの雄）の入札風景。
高値のものから５匹ずつ順番に並べて入札を待つ（田中郁代さん提供）

ツバガニ、石川、福井ではエチゼンガニ、丹後半島の小さな漁村の底曳網で捕獲されたのは、地元の名を冠して間人ガニと呼ばれ、その名声は日本一だ。ズワイガニは甲羅は丸味を帯びた三角形で背面にこぶの形をした突起がある。雄は雌よりはるかに大きく、一般に市場では、雄だけをズワイガニと呼ぶ。小さい雌を間人ではコッぺガニと言っている。

田中郁代さんは続けて次のように話した。

「間人の底曳網は九、一〇月が沖ギス、これはニギスのことです。ニギス漁のあと一一、一二月がコッペガニ漁、メスガニを獲ります。一一月六日からオオガニの解禁になり、三月二〇日まで続きます。これが間人ガニです。

日本一の間人ガニと言われますけど、獲って来る船はたったの五隻なんです。

沖合へ行く大型船が三隻、一八トン前後の船です。あと一四トン級の小型が二隻、それだけなんですよ。昔は小さい船でも底曳したんでしょうけどね。冬は海が荒れますから、一カ月五日ぐらい操業できればいい方ですよ。それでも今年の冬は、一カ月一隻で三〇〇〇万円の水揚げがあった、と聞きました。少ない船でも一〇〇〇万円はあったでしょうね。

落札の値段は時によって変わりますが、大体、一匹三万円から五万円ぐらい。安くても五、六〇〇〇円でしょう。カニは水揚げされると、魚市場にずらりと並べられます。高い方から安い方へ順番に並べるんだけど、一列が五匹です。以前はコンクリートの三和土《たたき》に直《じか》に並べていたんだけど、今は衛生上からもこれではいけないというわけで、板の上に砕氷を敷いてカニを並べます。

一一月六日から解禁になりますから、五日夜に船は港を出ます。船を送る家族の人たちは、時化《しけ》がないように、大漁でありますようにと手を合わせて祈るだけ。そんな気持ちで船を見送ります。一夜明けて六日の昼前、船が港に入って来ます。どの船がどれだけ獲って来たのか、心躍る一瞬ですよ」

間人漁港で見たものは

九月に入ると底曳網漁が始まる。主力は沖ギスで残暑の厳しい中、鮮度が勝負の沖ギスはセリにかけられた後、その夕刻には、焼きギスとして売られる。

これは田中郁代さんが、『統計京都』（二〇〇〇年一一月号）に発表した随想、「『間人ガニ』に賭ける」の冒頭の一節である。その夜の宿でとれとれのニギスを炭火で焼いて食べた。ショウガ醤油をつけて食べた。丸い焼魚に秋を感じた。

翌日は晴天、初秋の朝の間人の海は凪《な》いでいた。田中、平賀お二人の案内で間人漁港へ行く。しばらく走ると、前方に港が見えた。大きな建築中の建物がある。新しい魚市場だ、と田中さんが言う。間人は港を見降ろすように密集して人家が建つ。魚市場には何人かの人が立ち働いていた。

港の中空を横切ってロープが渡され、それに七組の綱が海中まで垂れさがっている。

「あれは掛け綱といいましてね。漁に出ないとき、船を繋ぐ綱です」

こんな話が出た。これは形を変えた舫《もや》い綱ではないか、

港の中央を横切るように垂れ下がる掛け綱

ニギスの大漁に笑顔の漁師

港の女の人たちが手押車で魚を売り歩いた値上がり坂。秋の彼岸の朝

とふと思う。湾を跨《また》ぐ橋があった。岸壁に漁船が横付けされている。底曳網の船であった。一四トンぐらいだろうか。船体の前方に協進丸と書かれている。今が旬のニギスの水揚げである。六人の漁師が汗を流してトラックに積んでいる。魚市場まで運ばれて行った。船の周りに、無数のカモメが飛んだ。大漁を喜ぶかのような海鳥の大歓迎の乱舞であった。

ニギスの入札が始まる。人の群れの中に一〇人余りの赤い帽子の人たちがいた。赤帽の人が入札をする仲買人である、と聞いた。入札は短時間で終わった。人は散って静かになった。その日の朝の札値は一キロ当たり六〇〇〇円、順当な値であったらしい。整頓された広い三和土がすがすがしい感じである。一一月六日の初札の活気を想像した。前掲した田中郁代さんの随想には、入札の情景が次のように活写されている。

間人港は「間人ガニ」の水揚げ風景を見に来た人々でいっぱいだ。見物人に中には、町外からの仲買人、旅館の女将、板長もマスコミ関係もと、今日初日は見るだけでも、楽しく見応え十分のセリ風景なのだ。

漁協事務所の前から一本の坂道が上の集落へ延びている。平賀さんは、この道を値上がり坂と呼ぶ、と笑う。

「魚を行商する女の人が何人かいましたですよ。手押車で一軒一軒歩いて魚を売ったんです。重い車を押して登っていくと、魚の値が上がる。だから「値上がり坂」だ、と誰言うともなくこんな名前をつけたんですね。以前は、女の人たちは時間を惜しむようにして、ちりめん織りの仕事に精出していたから、魚が玄関先で買えるのは、ありがたいことだったんでしょう」

こんな話をしながら、漁協事務所でその日の入札の値を尋ねている田中さんを残して、私たち二人は坂道を歩く。舗装されていないころには、手押車で行商する女の人たちは難儀しただろう、と平賀さんは話を続けた。丹後ちりめんは、この地特産の織り物であった。

日本の漁村のどこにでも見られる風景だが、そこにしかない村人の暮らしのひと齣が残されている。短い旅の中で郷愁を誘われる坂道であった。狭い坂道の半分に、秋の陽射しが描くじぐざぐの影があった。

（二〇一九・九・二五／『月刊 漁業と漁協』二〇二〇年一月号）

丹後の海で枡網を張る
――丹後町竹野の漁師の話

機織りの仕事から漁師へ

丹後半島の間人《たいざ》のすぐ東に、竹野《たかの》という小さな集落がある。ここで活躍する枡網《ますあみ》の漁師さんから話を聴いた。間人はカニを獲る底曳網漁で知られる漁村だが、五〇年近くの年月、定置網漁に命を懸けてきた人もいる。その漁のベテランとして知られる、西口敏明《にしぐちとしあき》さんに会って話を聴いた。

定置網というのは、一定の場所に漁具（網）を設置して、回遊して来る魚群を捕獲する。待受けて獲る、いわば受動的な漁業である。網の大きさ、形態などさまざまだ。大謀網《だいぼうあみ》、落とし網、サケ定置網など種類は多い。小さい網に枡網がある。西口さんは丹後の海で二張りの枡網を仕掛ける漁師だ。次は間人の宿で聴いた話である。

「七一歳です。昭和二三（一九四八）年に丹後町の竹野で生まれました。兵庫県の城崎《きのさき》の先の竹野は、「たけの」だけど、丹後町の竹野は、「たかの」なんです。竹野は半農半漁の村でした。農地がありますので、百姓と漁師を兼業しておれば、食いはぐれはない、と言われた。地元に酒屋があったから、そこで働く人もありました。だから、私の村はこのあたりでは、唯一、出稼ぎに行かなくてよい村だったですね。親父《おやじ》は半農半漁で、六反ぐらいの田地《でんじ》がありましたね。

私は二三歳の後半から漁師です。かれこれ五〇年近くになります。それまでは機屋《はたや》で仕事をしていました。丹後ちりめんの機屋です。親戚に機屋があってね。ちりめんを織る機屋がこの地方にはたくさんありました。機械で一日中織る音、それをガチャマンといって、景気がよかったから、ガチャマン時代といわれたころです。織り子は女子ですが、男の仕事もたくさんあってね。機械の整備やら織るまでの準備やらと、いろいろありました。名産の丹後ちりめんです。ガチャマンの全盛期だった。八時間労働なんかそっちのけで働き次第、精時代の時代だったから、上手な織り子は月に四〇万は稼いだでしょう。

織り物の景気はよかったんだけど、この仕事は私には向いていないと思って、親戚の社長に了解を求めて円満退社、そのあと、漁師になりました。親父は当時刺網をやっていて、磯に網仕掛けていつも大漁をしていたですよ。ほかに誰もしていなかったからよく獲れてね。縦一メートル、横五〇メートルぐらいの小さな網だったけど、魚はぎっちり獲れてね。メバチにこちらではガナというカサゴ、それにスズキ、クロダイなんか、さまざまな魚が掛かったですよ。磯に回遊してくる魚はすべて獲れたと言ってよい時代だった。船いっぱい獲れたからね。当時、水田と刺網で三〇〇万の稼ぎはありました。

これからの丹後半島の網漁業を語る
西口敏明さん

私は小型定置網をやり、それが運よく当たりましてね。やるなら網の改良をしよう、といろいろ工夫

丹後半島の美しい岸辺。さまざまな魚が集まる宝の海である

しました。最初は、間人の漁港のすぐ近くの、城島《しろしま》でやりました。小型定置網というより、枡網ですよ。瀬戸内海の香川県で改良された網を使いました。香川では、潮の流れの強い漁場に張る網を開発していたんですね。それを工夫して省力化で簡単に使える網に、私なりに変えていったんです。潮が速いから、箱網がつぶれんように考案して付けてね。箱網は一八間《けん》（約三二メートル）、九間（約一六メートル）の長方形です。私は二張り二カ統やっています。道網は二〇〇メートルぐらいのを、立岩の所は三五〇メートルとそれより長いです」

「統」とは、袋網で魚群を獲る定置網などを数える語のことである。

　大体の形をノートに書いて貰った。それが次頁の略図である。本稿をまとめるのに、『日本の漁業――その歴史と可能性』（平沢豊著、NHKブックス、一九八一年刊）に当たって調べたところ、全く同じ形をしていた。

「鯛や平目の舞い踊り、という歌の通り、よく入ったですよ。大型定置網より私の小さい網の方がよく獲れたからね。定置網は丹後町で一二ヵ統あったけど、よく入ったのは小さな網のわが家だけだった。初めは、親父とやっていて、途中、人を雇ったんだけど、今は息子と二人でやっています」

タイが入り、ヒラメが舞い踊った大漁の話

西口さんの話は続く。

「とにかく枡網を仕掛ければ魚が入ったんです。魚が入るもんだから揚げるのに時間がかかってね。モーターで揚げるんだけどね。夏は朝の四時出航、秋になると五時半です。漁場は近い。五分で着くからね。一統で一時間ぐらいかかる。タイが入ると、生かして運ぶ必要があるから、時間がかかります。

そのタイをね、たくさん獲ったですよ。四月、五月のサクラダイのときは、一尾一万円はしました。そんな立派なやつを、毎日三〇尾とったですよ。まあ、四〇年も前のことだけどね。丹後の海は宝の海だった

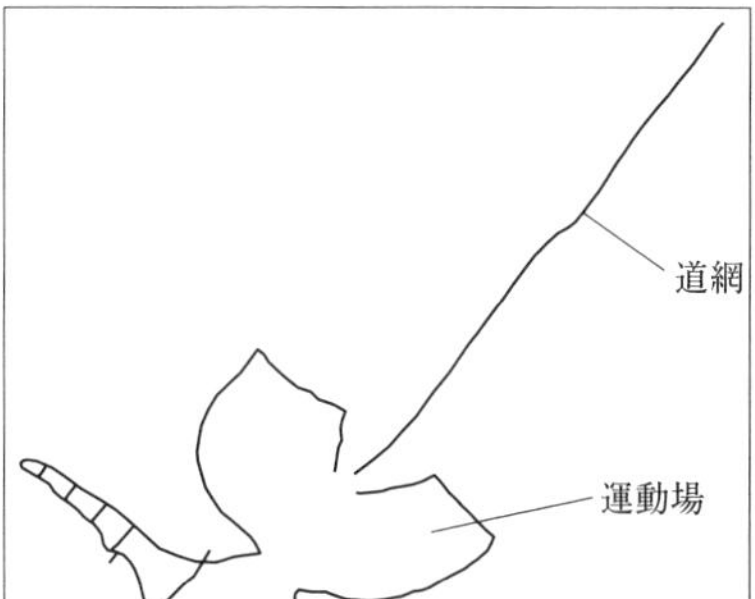

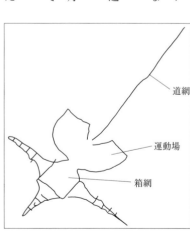

西口敏明さんが描いた枡網の略図

んです。一キロ当たり三〇〇〇円、一〇キロで三万円、タイの景気に沸いた時代がありましたよ。組合長は佐々木新一郎という人だった。私は個人では、日本海でいちばん多くタイを獲った男と言われていますが、逃がしたのもいちばん多いでしょう。景気が下向きになって、団体の観光客が減って来た。大きなタイが嫌われるようになってね。五、六〇〇〇円したすばらしいタイが足蹴《あしげ》にされ出した。仲買人が買わなくなったんですよ。だから私は、メスを逃がしました。一族郎党引きつれて群れで入ってくれたのを、と思うとね。だから獲ったタイを放してやったですよ。タイを何百匹も逃したというのが、日本海のあちこちに知れ渡りました。

ヒラメもよく獲れたです。網に隙間のないくらい入った。網に入って来たのを、一箱一〇匹から二〇匹、最大四〇匹入れたのを、一日で何百箱ですよ。箱網にどれだけの傾斜を付けるとよく入るか、それを考案して網を仕立て直したら、入るわ、入るわ。考えてみますと、やはり工夫如何《いかん》です。それに、網が汚れたら変えるとか、常の管理も大事、こまめに体を動かさんといかんのです。考えてなんぼ、改良してなんぼの枡網漁なんです。結論が出るまで考え抜く。これが大事やと思います。魚の動きをよく見る。魚から習うことです。

道網でも、そこへ当たった魚が全部奥へ行くということはないからね。離れたり、陸の方へ行ったりしますよ。道網に当たった魚が、全部運動場へ入ったら、日本海の魚なくなりますよ。潮の流れにしてもよく気をつける必要があります。東から来る潮をさかしおと言いますが、そのとき漁がある。さかしおのときは網が真っ直ぐになるから、魚は逃げようがないわけだ。西から来る潮は、みしおと言いますがこのときは網が浮く。常に網から目をそらしてはいかんのですわ。

ハマチがひと網に一万五〇〇〇匹獲れたことがあってね。このときは一万匹揚げるのに、三〇分かかりましたよ。ほかの漁場の人に、枡網にハマチが一万五〇〇〇匹入ったとは考えられん、と言われたから、これがそのときの様子や、見てくれ、と撮った写真を送りました」

後継者に寄せる思い

西口さんには働き盛りの後継者がいる。その息子に懸ける思いも強い。次のように話は続いた。

「いっしょにやり出してもう一〇年になりますからね。まだまだ体験しないといけないことはたくさんあるけど、地元の漁師に好かれることがまず第一や、と言っているんです。その点、底曳網の連中ともうまくつき合っているようですよ。魚は物を言ってくれませんからね、こちらから観察することだ、といつも言って聞かせています。人を大事にする、知恵というか、持てる力を提供する。そうすれば、可愛がってくれますよ。いいやつやと言ってくれますよ。私は息子はそんな漁師のひとりやと思っているんだけど、これから漁業を続けて行っていいのか、今、その分かれ目のような

間人の立岩と美しい海岸。この岩の近くで枡網を張る

気がしてね。何とか続けて行きたいですし、それには多様な経営を考えていく必要がある。土曜日を休漁にしていますが、観光の振興から考えてそれでよいのか。いちばん欲しいときに地元で獲れた新しい魚がない、これでは観光は成り立たないでしょう。若い後継者をどう育てて行くか。言うは易しですね。

地球環境が変わって、磯には魚がおらん、海水温が上がって海藻は少なくなった。海が荒れたときの波の高さが一〇メートルもあってね。今までは最も高い波で六メートルぐらいだったですよ。一〇メートルの波が一日続いたらもう駄目です。六メートルぐらいの波が来ると大荒れ、と言ったんだけどね。ですが、変化に負けてはいかん、と二人で頑張っています。大型定置網に負けんように工夫してやって行きますよ。改造した網が時化《しけ》のとき、どれだけ持つか、こんなことを常に考えていかんと、これからの網漁業は立ち行かんでしょう。

私は小さい網の漁師だけど、五〇年近くもそれひと筋にやって来ますと、独自の考えが生まれますよ。日本海でタイを多く獲ったのは私がいちばんだと思うし、これはかけがえのない、自分史ですから。人に好かれて人のためになる。大勢の人に自分の出来ることを提供する。それを、ぱっと出してやれるだけの人になればいいんだけどね。これも言うは易しです」

このように話す西口さんのさわやかな笑顔がすばらしい。二隻の漁船で操業するが、新しい方が四・九トンの第五公栄丸、もう一隻は六トンの第三公栄丸だ。こちらは作業船である。丹後町すべての漁師が「栄える」ようにと、そんな思いで名づけた船名だ、と聴いた。波が静まればまた網を曳く親子である。その二人の姿を想像して宿の玄関で別れた。頭にある白い船員帽が美しい。

（二〇一九・九・二四）

若狭美浜で見たものは
——日向の水中綱引き、早瀬のへしこ

日向《ひるが》の水中綱引き

明日は大寒の入りという日、福井県三方五湖《みかたごこ》のひとつ日向湖の岸辺に立つ。一月一九日、日曜日の正午過ぎだ。午後二時ごろから始まる水中綱引きの行事を見るためである。日向湖の隣、久々子湖《くぐしこ》岸の早瀬《はやせ》にお住まいの知人、渡辺純造《わたなべじゅんぞう》さんにその日のことを電話で尋ねたところ、それなら軽トラックだけど私が案内しますよ、と約束してくれた。この人の厚意に甘えて、前日に美浜町《みはまちょう》へ入った。

大勢の見物人が集まるから、写真の撮りやすい場所を確保しようと早昼をすませ、私たちは日向へ急いだ。多分集落の入口で自動車は通行止めだろうから、と渡辺さんは廻り道をして、逆の方向から入った。日向の湖岸は埋めたてられて広くなっているが、以前は岸辺に船屋が並び、京都伊根に似た風景であった、と渡辺さんは言う。漁船が舫《もや》う岸には、タコ壺や漁網が積み上げられており、乱雑な中に漁村らしい雰囲気をかもし出していた。

水中綱引きは日向湖が若狭湾と繋がる水路、これは運河と言うべきか、そこに早朝から村人たちが綯《な》い上げたわら綱を掛け渡し、男性二〇人余りが東西に分かれて、水中で綱を手で断ち切る真冬

2020年1月19日午後2時7分、最初の男が橋の欄干中央から飛び込んだ。一斉にカメラのシャッターが切られた

飛び込み開始から約15分後、東側の男たちがわら綱を切った。歓声があがった一瞬である

飛び込んで10分、わら綱はまだ切れない。西側の男たちの鉢巻が色鮮やかである

の行事である。わら綱は両岸に立てられた柱に繋がれて、運河の水面に丸い弧を描いて浮いていた。四〇メートルはあろう。運河を跨ぐ橋の中央にも柱が立つ。欄干の下には、「大祝漁　日向　水中綱引　平成十一年度新橋完成記念」の文字を横四行に染め抜いた大きな旗が広げられている。三本の柱はロープで繋がれ、それに色とりどりの大漁旗が結ばれて、冬の風にはためいている。三五枚ほどであろうか。吉豊丸、寿豊丸といった縁起のよい船名の旗が、真冬の中空を泳いだ。

大勢の見物人が撮影場所を確保して立っている。私も一時間半というもの、冷たいコンクリートの壁に体をゆだねた。一時四五分、引き潮になった。湖水が海へ流れた。わら綱は円弧を逆に描く。あと一五分が待ち遠しかった。やっと二時七分に裸の男たちが欄干の柱の所へ姿を現した。見物の人たちのざわめきが聞こえる。二人が欄干に立ち上がり、すかさず運河に飛び込んだ。男たちは次つぎとそれに続き湖水の中の人となった。

わら綱まで泳ぎ着いた男たちは、東西に分かれて岸の柱から垂れ下がるわら綱の水面すれすれのあたりで、それを断ち切ろうと水中で泳ぎながら腕を伸ばし摑みかかる。断ち切るのは、東が早いか西が早いか。わら綱は太い。水に浸かってしっかりと締まっているから、綱の縒《よ》りは戻りにくい。男たちは声を掛け合いながら、綱を切ろうとするが、冷たい水の中で泳ぎながらの仕事である。西側の岸の一〇人も苦心している。テレビ局のカメラマンが水中でもがく男たちに被さるように、レンズを近づけていた。

毎年見に来る人だろうか、今年は時間がかかるな、と同行の人と話している。一五分かかって東側でわら綱が断ち切れた。東の岸で歓声が上がった。男たちの赤や黄色の鉢巻が美しい。切れたわら綱は一本になって、若狭湾へ流れて行った。興奮はここまでであった。三五〇人ほどの群衆は東西に散った。
橋の上を行き来する大勢の見物人に混じって、飛び込んだ中のひとりが真新しい一升枡を持って立っていた。枡の中には白米と五円玉があった。男は枡を手にしてぶるっと体を震わせ、家族と連れ立って人混みの中に消えた。
印刷された写真の群衆に比べると、今年は心なしか少ないように思われた。これも時代の流れと言うべきか。いみじくも美浜町誌の一冊『暮らす・生きる』（美浜町刊 二〇〇二年三月）の中で、編者は次のように記述している。

町内有数の小正月行事であった「日向の水中綱引き」も第三日曜日に行われるようになるなど、時代の変遷によって年中行事も混乱し様変わりしているのが現状である。

このことは若狭三方五湖の日向湖だけではない。日本の漁村はいたる所で激しく様変わりしている、と言ってよいのではないか。宿に帰って、早瀬川を行き来する小船のしぶきを窓から眺めながら、このことを思った。

早瀬で聴いたへしこの話

早瀬に着いて渡辺さんに会ったとき、へしこを作る所を見たいと頼んだ。午前中なら作業をしている店があるから、邪魔するからと頼んでおきましょう、と請け合ってくれた。日向へ行く前、朝から寺川商店を訪ねた。店は港の近くで、前は漁協関係の大きな建物であったが今は使われていない。かつてはブリなどの水揚げで殷賑《いんしん》を極めたといわれるが、当時の活気はどこへやら、無人の巨大な施設が潮風の中にあった。ここも漁協は合併し、岸壁は釣り人が竿を垂れるだけの場所。「利用者は清掃料五〇〇円」という看板が立つ。

寺川商店の作業場の端の方で、二人の女性が向き合ってサバを開き、水で血を洗っている。へしこ作りの最初の作業である。サバを背開きにしている人に声を掛けたら、今日は一箱が五〇本で、

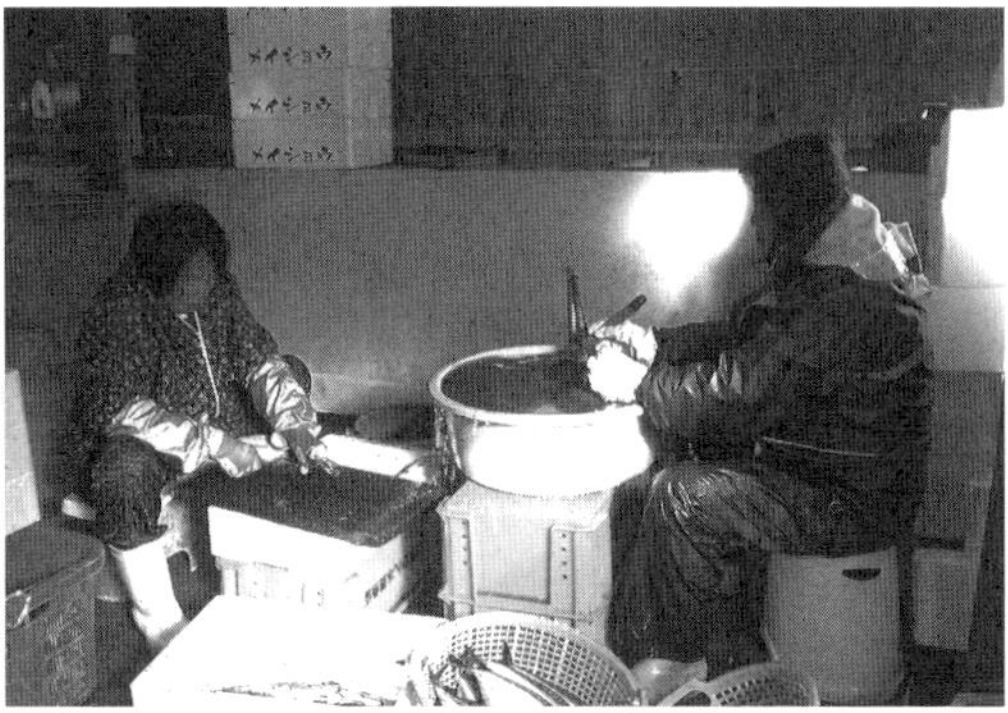

サバを開き（左）、ささらで血を洗う（右）
早瀬の女性２人。サバはノルウェー産のものである

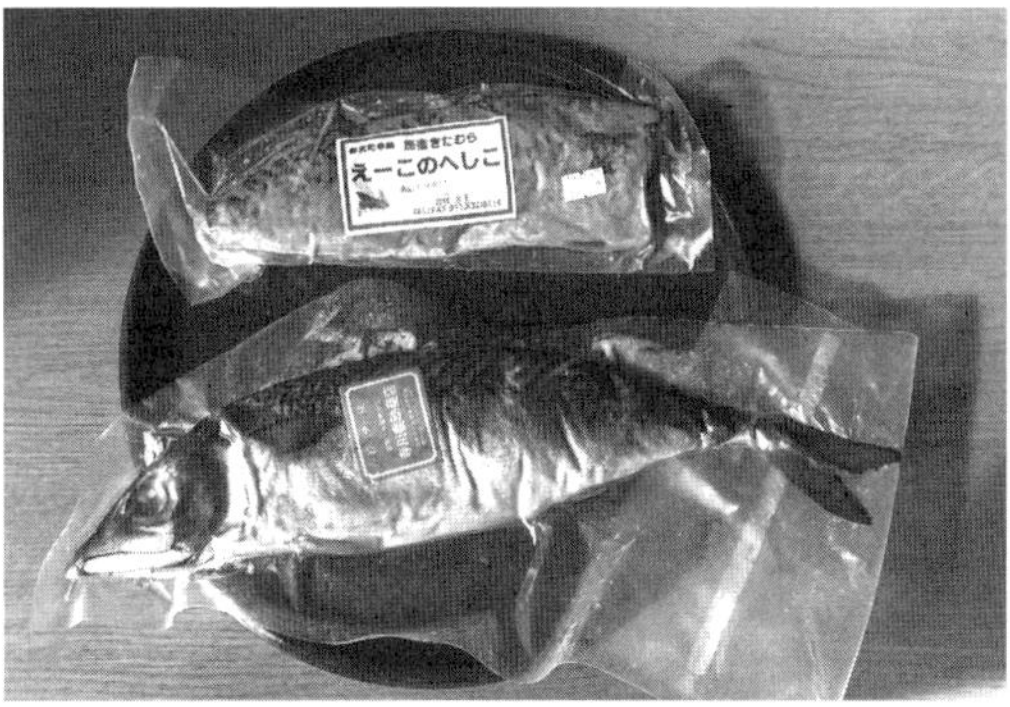

美浜町早瀬のへしこは作る家それぞれで味が違う。
上は民宿きたむら（ノルウェー産）、
下は寺川商店のもの、サバは国産である

それを三箱一五〇本のサバを裂《さ》くとひと言。この人たちは寺川さんの作業場を借りて、自家用のへしこの準備をしているのであった。サバはノルウェーから来たもの、漁協を通して買う。主《あるじ》の徹《とおる》さんは国産のサバにこだわって、へしこを作っていると言って、倉庫にある桶の中を覗かせてくれた。

へしこはサバを塩、糠などで漬け込んだ保存食のひとつで、美浜町はへしこの町として知られる。前述の『美浜町誌』の中には、「保存食」の章の初めに次のような記述がある。

もっとも一般的なへシコは、サバを材料にしたものである。春サバのへシコは、二、三月に背割りにしたサバの両面によく塩をして、一〇日から一か月ほど押す。この時出た汁は、シェと呼ばれる魚醤の一種であり、醤油の代わりに使われることもあった。

へしこの漬け込みのことは、泊まったきたむら旅館の女将、北村恵子《えいこ》さんからも聴くことができた。

「私もへしこを漬けて販売する資格を持っていましてね。作ったのを、泊まり客に買って貰っていますす。旅館や釣り宿がどの家でも作っているわけではないようですけどね。日向ではお母さんたちがグループで作っていると聞いていますし、加工場もありますけど、ここ早瀬では、みんな年とって、後継ぎもないといった現状ですのでね、寺川という店だけ、ほかは自家用に作っている家があるだけですね。どの家もお使い物にしますよ。私の所はお客さまが買って下さいますから、年中切らさないように、切れ間、切れ間に作ります。冬から春がいちばんいいようです。早瀬はノルウェーのサバを使っています。寺川さんは国産のサバにこだわっているらしいですけどね」

へしこは冬から春にかけて作るのがいいらしい。恵子さんの話を続けて聴いた。

「開いてきれいに水洗いしたサバを塩漬けします。大きなボールかバットなどを用意します。その上でサバのえらぶたの中に塩をぬり込み、次いでサバの身全体にぺたんぺたんといった感じで塩をまんべんなく付けます。塩の量は一本に何グラムというわけではなく、真っ白くなるぐらいに塩をまぶすんですね。手秤《ばかり》ですよ。開いた身を元に戻して一本にしたのを、桶の中に隙間なく掌《てのひら》で押すようにして並べ、重しをします。一〇日から二週間ぐらい漬けておきますと、塩が身に浸透して汁が出て来ます。それをここでは、「しぇ」と言っています。次に、桶の中で溶《と》けないで残っている塩を、しぇの中で振り洗いします。それをひと晩、箱の中で身を開いて寝かせます。少し水気がなくなりますね。

そのあと、これからが本漬けなんです。本漬けの準備として、まず、しぇを煮込みます。大きな鍋で煮ていますと、たっぷりの灰汁《あく》が出て来ます。それを丁寧に掬《すく》ったあと、布で濾《こ》します。そうしますと、薄口醤油より少し濃い目の液が出来ます。この液で漬けるんですが、どの家もそれぞれ自慢の漬汁を作りましてね。私の所では、それへ醤油、酒、味醂を加えて、自分なりの漬汁を用意するんです。

本漬けはサバを開いて皮を下にし、身の方を上にして、隙間なく並べますが、並べる前、この漬汁にサバをくぐらせます。魚が重なると、身がくっつきますから、ここで糠を振り掛けます。桶の底にも漬け込む前に糠を振っておきましてね。これを繰り返して隙間なく漬けていくんですよ。しっかりと押し込むというところから、へしこという名が付いたんだ、という人がいますね。家によっては初めよりも軽い重しで漬ける所がありますが、私の所では、初めと同じ重しを使いましてね。漬け汁は糠に浸み込んでいきますから、そのときは液を追加します。重しの石が半分、液に浸《つ》かるぐらいまでに加減して、約一〇カ月ですから、手間ひまかかりますよ。酒粕を使う家もありますしね。たかがサバ、されどサバで、美浜の古くから続く保存食として、へしこだけは気を抜いてはいかん、これがこの町に住む者の心意気なんです」

　明けて大寒の朝、九時七分発の敦賀《つるが》行きの電車に乗る。数人の客がホームで電車の到来を待った。そのとき音楽が鳴って、到着を知らせる。曲は「村の鍛冶屋」である。美浜はかつては鍛冶屋が多く、それを屋号とした家もあったらしい。「せんばこき」、つまり稲扱《こ》きの生産では、日本有数、明治初期において一万八〇〇〇挺を数えた、という資料を寺川さんの所で見せて貰った。当時の村人は売り方が上手でぼろもうけをした、と書いてあった。電車を待つ短い時間に耳にした唱歌が、なるほどこの駅にはふさわしい曲だ、と納得したのである。冬の朝、美浜駅前には人影もなく、限りなく静かであった。

（二〇二〇・一・二〇）

周防灘豊前の海にカキ育つ
——恒見の岸辺で

「豊前海一粒かき」の里へ

さくら満開の四月の上旬、門司港駅前から恒見《つねみ》バスセンター行きのバスに乗った。周防灘《すおうなだ》の広い海でカキを育てている、江口一弘《えぐちかずひろ》さんに会うためである。何度かの電話でのやりとりで、バス停で降りたら電話をして下さい、迎えに行きますよ、という約束ができていた。バス停の名を尋ねると、松ヶ江中学校前の次の停留所で降りればよい、と言う。バスに乗る前に停留所を調べたら、東部農協前とあった。

恒見バスセンター行きのバスは、門司港の市街地を抜け、東から南の方向に走る。道は広く、快適であった。行く先々に万朶《ばんだ》のさくらが散見された。幾つかのトンネルを抜けた。地図を片手にバスが走る道をたしかめる。途中に柄杓田《ひしゃくだ》分道《わかれみち》という停留所があり、そこから右折してしばらく走る。ここも漁業集落だと思いながら、前方を見つめていると、道が狭くなった所でバスは方向転換して、もと来た道を引き返し、南へ走った。降りる所はもう少し先のようだ。猿喰《さるはみ》という珍しい地名の停留所もあった。

指定のバス停留所で降りたら、江口さんは一足早く迎えに来てくれていた。軽トラックに乗せて

恒見地区の入口に立てられた
大きな看板

貫い、作業場を目指す。少し走った所に、「豊前海一粒かき発祥の地恒見」と書かれた大きな看板があった。この地域が福岡県東部での、カキ養殖の中心地であることが想像できた。

　案内された作業場は大きい。工場を思わせる建物である。数軒の養殖業者が、中を区割りして共同で使っている。入荷して間もないと思われる種付けされたホタテガイの貝殻が水槽いっぱいに詰められていた。近づいてよく見ると、貝殻の裏表両面にはそれと分かるカキの稚貝が付着している。案内の江口さんは、もうすぐ筏《いかだ》に吊るして養殖が始まるのだ、と話す。貝掃除をしたり、購入者からの注文を受ける事務所を兼ねたもう一つの作業場は、この先だからそこへ行きましょう、と私を促す。漁協の恒見支所の建物があった。その先しばらく行って、珍しい場所を案内して貰うことができた。古い建物の下で何人かの人が立ち働いていた。

「ここがいちばん古いカキ養殖の作業場でね。以前は恒見の魚市場だった所です。魚の供養塔がありますが古いものですよ。恒見が古くから漁村であった証しと言えるものでしょう」

建物の混み合う間の狭い道を走って、橋の下の船溜まりに着いた。その先、岸の上に江口さんの作業場があった。

岸辺に建つ作業場で聴いた話

作業場は、新門司港に注ぐ細い川に架かる道路のすぐそばの入り江の岸に建つ。海から少し入った河口の岸辺は、階段になっており、船はそこに横付けされている。作業場のすぐ下が、小さな港のような感じで、これは仕事をするのには、大変便利な場所だ、と思った。

作業台に向かい合って、女性が貝掃除をしている。江口さんの母親と奥さんのふたりである。横には滅菌した海水タンクがあり、出荷する貝を一昼夜浸けておき、カキを浄化させている。ふたりは手を休めずに、貝殻に付着したフジツボなどを掻き落としている。カンカンという音を耳にしながら、江口さんから話を聴いた。

「一九七〇（昭和四五）年生まれです。大学を出たあと、二〇〇一（平成一三）年まで県外で働いていたのですが、恒見へ帰って父親のあとを継ぎました。この仕事を継いで大体一八年ぐらいになりますね。だから、カキ養殖は私が二代目です」

貰った名刺には、江口海産牡蠣《かき》直売所、と印刷されていた。

作業場前の船だまり。小さな漁港のようだ

養殖筏へ運ばれる直前の
カキの種が付いたホタテガイ

「恒見支所の正組合員は現在四八人で、すべてがカキ養殖をしています。そのうち二〇歳代の若手が二人、年長組では七〇歳代の人が八人ぐらいいます。どちらかといえば、壮年の働き手の多い漁協と言えるでしょう。カキ養殖の規模はまちまちですが、少ない漁家で三台、多い漁家で一〇台、私の所はその中間で五台です。しかし、空《から》の筏を一台持っていて、何かのときの予備として、一応六台ということになっています。だから、恒見支所では何十台という大規模な漁業者はいない。その代わり、みな粒揃いの組合員が揃っているという感じです。漁場利用料は一台三万円、空の筏もカウントされますから、年間一八万円を組合へ払うわけです。

カキ養殖をする以前は、恒見では刺網や籠漁があって、アカシタビラメやマゴチなんかがよく獲れました。底物ではシャコがたくさんいたんだけど、最近は全く姿を見せなくなりました。ゼロといった状態ですね。博多の方の海では、沖縄にいる魚が獲れる、と言っていますよ。これは地球全体が変わって来ているんだ、と漁師仲間は言っています」

話を聴く間にも、しきりに電話が鳴る。取引き先からのようだ。電話が切れたあと、しばらく話を続けて貰う。「豊前海一粒かき」の名付けについて尋ねてみたところ、江口さんは次のように話した。

「このあたりのカキの養殖は、恒見から南の海域にかけてがさかんです。漁協が合併する前に、関係する漁協長が集まって、組合長会議で名前を決めた、と聞いています。「一粒一粒ずつていねいに育てたカキ」、という思いを込めて名付けたんですね。

私の所は大部分が直販です。父親の代からのお客もいますしね。一部は北九州市の小倉北区にある中央市場へも出します。直販に対する漁協への売上賦金はありません。しかし、漁協の経営に少しでもお役に立つよう、養殖の資材や販売のときの箱やテープなどいっさい、漁協の窓口を通して購入しています。最近の若い人はネットで買うらしいです。でもそこは、われらが漁協《くみあい》という意識

向き合って貝掃除に余念がない２人。
右が江口さんの母親、左が奥さん

貝掃除が終わったカキに
海水をかける江口一弘さん

を皆が持たないとね。

稚貝の入荷するのが早い人で二月末、遅くて四月初めです。宮城県の石巻、松島、ほか広島のものも入ります。ほとんどが陸送ですね。あちらの漁協から買い受けるわけです。二〇トンの大型トラックで運びます。以前は、新潟から出る日本海フェリーで博多港まで乗って来るというルートもありましたが、今はほとんどない。買い付けは、恒見の養殖業者が集まって注文します。買った種貝を一万個ずつ山を作って、不平が出ないように、くじ引きで自分のはこれだ、と決める方法でね。仲良くやっていますよ。大体五月から五、六カ月で出荷できるサイズに成長します。私の所はもうすぐ筏に吊るします。吊るしたロープは筏の上の方で固定して育てる方法をとっています。途中で、チヌやイシダイに食われる、つまり食害もありますし、台風などで海が荒れたときなど、ロープが団子のようになるとか、貝が大きくなるまでは気を許せませんが、九月末になれば出荷できるサイズになりますから、水揚げは早い人は九月末からやります。一一月に農事センターという所でイベントがあって、そこへその年の最初のカキを無料で提供して、出来具合を見、これなら良しということで、出荷態勢に入ります。

カキは年によって、大、小の割合にばらつきがあり、今年の冬は大が七〇%でした。それでもお客さんによっては、小さいのが欲しいという人もあって、世の中ありがたいです。値段は一キロ当たり、大、中、小それぞれ八〇〇円から一〇〇円ずつ安くなります。この値段はずっと前から変わらずですが、こんどの消費税アップでどうなりますか。お客さんによっては剝き身で欲しいというときもあります。剝き身は注文のときだけですので、広島あたりのスーパー向けのものよりは値は高いです。二〇〇グラムから二五〇グラムで一〇〇〇円です。身はしまっていて鮮度抜群、そこが恒見のカキの自慢できるところです。
毎年お得意さんからの注文がありますしね。でも、お客さんはその年のカキを見ずに注文してくれるわけで、おいしい豊前海のカキが手に入る、という私たちへの信頼があってのことで、そのひと筋にかけているわけです。先輩たちが積み上げた信用を、損なわないように、一粒一粒に愛情を込めて育てる、それに尽きると思います。広い豊前海がカキを育ててくれますが、そのことはひいては、私たち恒見の人たちも、この海に育てて貰っているんだ、海への感謝を忘れちゃいかん、この意識を皆が持つべきなんですね」

奥さんは手を休めず貝殻の付着物を、鉄製の厚いへらのような道具で叩いて落としている。母親は、汚れの落とされた貝を両手に一つずつ持って、二つを軽く叩いて音を聴いている。貝のよしあしを叩いた音で判断するのである。カンカンと明るい感じの音がしたのは、どちらかというと弱っている貝で、生きのいいのはトントンと音が重い、と言う。私も叩かせて貰った。重い音がした。

「これは売り物になるいい貝ですよ」

こう言ってお母さんに渡すと、受け取ってもう一度叩きながら、首をかしげている。

「これは駄目です。ここにちょっと殻の割れた所があ

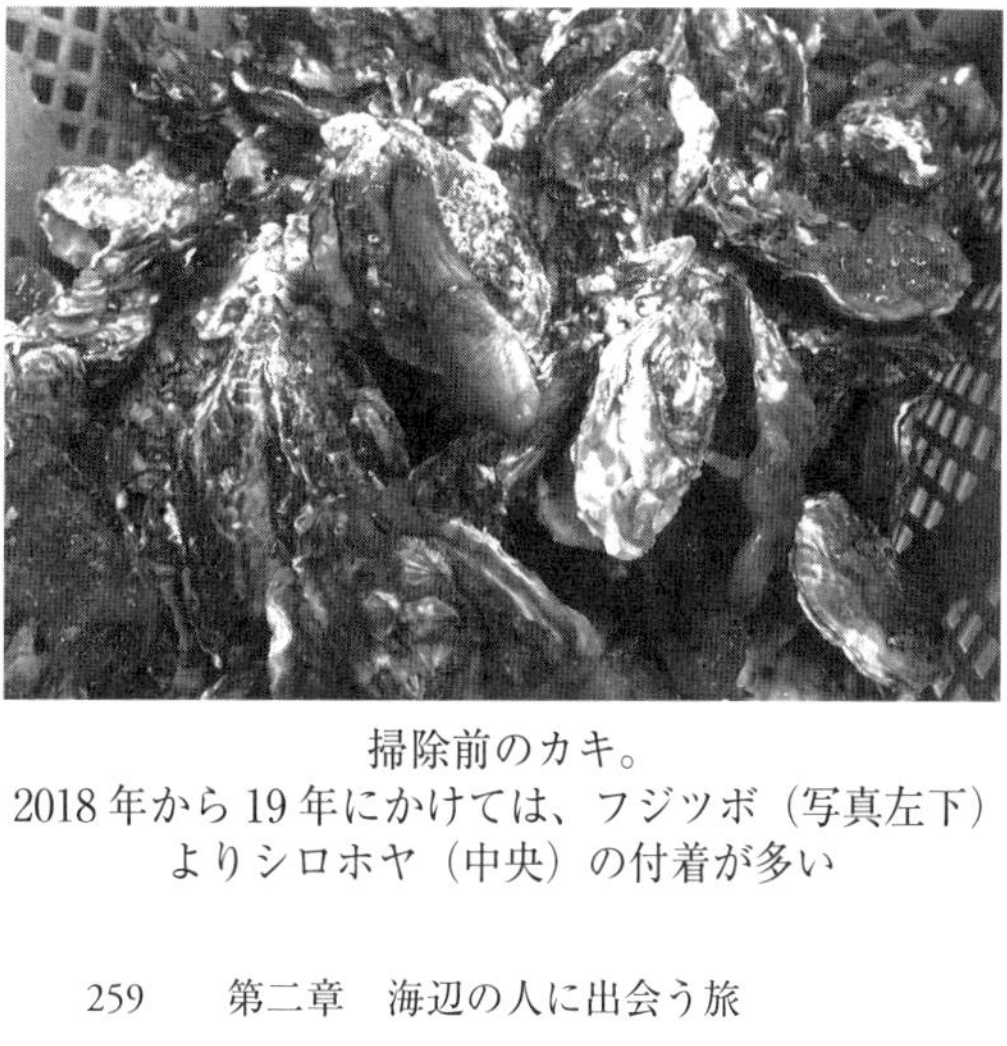

掃除前のカキ。
2018年から19年にかけては、フジツボ（写真左下）よりシロホヤ（中央）の付着が多い

るでしょう。これだけで音が違います」
これこそ長年の勘というものであろう。
一弘さんが発動機を動かして、一気に海水を掛けるのを見せてくれた。写真を撮らせてほしい、と言えば、目線はこんなものかな、と私の顔を見て笑う。海とともに生きている人そのものの、笑顔であった。

牡蠣を剝くをりをり女同士の目　楸邨《しゅうそん》

加藤楸邨、昭和三一（一九五六）年の一句。きょうふたりの女性は剝いてはいなかったが、剝き身の注文があるときなど、この句と似たひとときがあるのでは、と帰りのバスの中で、そんなことを想い描いたのであった。

（二〇一九・四・八／『月刊 漁業と漁協』二〇一九年一二月号）

晩秋の南北海道、松前を訪う
――ホッケ養殖の話を聴く

ホッケを育てる人の話、木古内《きこない》から松前《まつまえ》へ

晩秋の晴れた日、北海道の南の端、松前町を訪ねた。町の歴史ガイドをしている飯田幸仁《いいだゆきひと》さんの厚意による。断られてもともとという気持ちで手紙を出し、そのあと電話をしたところ、案ずるより産むが易しの諺通り、電話の主は、あなたのご都合の良いときに来て下されぱいいですよ、と言う。電話の声に決断をうながされ、一一月二五日に出発すると決めた。

新幹線で一六時一八分に木古内駅に着いた。予定通りであるが、すでに日暮れて足元は薄暗い。人影の少ない木古内の駅を出てバス停を探した。順調に到着したこともあって、はるばる来たぜ木古内へ、とかつてはやった歌謡曲の替え歌のひとふしが、口を突いて出た。目的地の松城《まつしろ》停留所までは一時間ほどである。バスは真っ暗い海岸沿いの道を走った。

札前《さつまえ》の人に会う

明けて二六日、快い朝である。寒くない。初冬というより晩秋の朝であった。約束の時刻に案内

者の飯田さんが来てくれた。バスで行きましょう、と私を促す。私たちは少し北の札前の漁師さんを訪ねようとしている。ゆうべ降りたバス停（松城）で木古内から来るバスを待つ。目的地の札前へは、終点の松前出張所で町内を走るコミュニティバスに乗り継ぐのだ、と教えられた。

松城のバス停の下は、見事な磯である。

「ここが旧波止場といわれる所で、北前船《きたまえぶね》のころは、桟橋がなかったから、船は沖へ停めて置いて、艀《はしけ》で人も物も運んだというわけですよ」

このように飯田さんは話す。

「平たい大きな岩がありますが、イワノリが採れそうですね」

「いいのが採れますね。女の人たちが掻き採ります。ここのイワノリは道内でも最高級品、便箋ぐらいの大きさのもの一枚が五〇〇円で引っぱりだこですからね。摘み採ったのを水で洗って、ごみや砂をすっかり取り除いて、そのあと細かく刻んだのを、簀《す》の上に型枠を載せて、そこへさっとひと息に水といっしょに流し込んで干し上げます。磯の香りがいいですよ。それは日本海の荒波にもまれて育ったものだからですよ。「幻の海苔」と呼ばれている高級品です」

ちょうど引き潮の時刻だったのか、海岸一面にひろびろとした岩が潮風を受けていた。

札前のバス停のすぐ下に港があった。荷捌き所の前まで近づくと、人声が耳に入る。二〇人あまりの人びとが網と格闘していた。刺網に掛かった魚を一匹ずつ、網から外しているのだ。ホッケが多い。大小、大きさはいろいろ、ほかの魚も混じっているようだが、初めて目にするものばかり。魚の名を知らぬ。手伝いの人の半分は女性であった。写真を撮らせて下さい、と言葉をかけたら、どうぞどうぞ、と言い、そのあとひと言、美人に撮ってね、と女の人は私に笑顔を向けた。

札前の人たちの立ち働く様子を撮っているとき、八トンほどの漁船が港に入って来た。飯田さんが言う。

「あの船ですよ。きょう話を聴く約束をしている寺田さんの船です。美宝丸《みほうまる》です。魚を揚げ終わったら話が聴けますよ」

美宝丸の魚は箱に入れられて岸に並べられた。これらは市場へ送られるのだろう。コンクリートの三和土《たたき》には一〇キロはあろうと思われるミズダコや、体長一メートル以上はあるサメが何本か横たわる。サメの名を聞くと、アブラザメと返ってくる。漁師さんは仕事の手は止めない。黒々としたサメである。あとで調べたら、アブラツノザメのことで、カマボコの原料になる、と魚の本には説明されていた。

松前町札前の荷捌き所の朝の賑わい

飯田さんが寺田さんを紹介してくれる。

「寺田敏広《としひろ》です。すぐ終わるから仲間の者の家で休みましょう」

これが初対面の挨拶であった。隣家の加登《かとう》さんの居間に座らせて貰って話を聴いた。寺田さんは一九四九（昭和二四）年生まれ、今七〇歳だ、と言う。東北の訛《なま》りがあって、話されることがなかなか理解できない。首をかしげている私を見て、飯田さんが耳聡く、説明をしてくれた。

「学校出て、東京さ、何年かいた。大工やりに東京さ出てね。何年かいたんだけど、戻って漁師だ。なぜ帰って来たかという

その日獲れた魚を箱に入れて岸壁に揚げる
美宝丸の人びと

魚の中にはサメも混じる。
中央はかまぼこの材料となるアブラツノザメ

と、東京での大工仕事も並大抵のことではない。この苦労考えたら漁師の方が成功するのではないか、と思って戻って来た。

　定置網をやりたいと思ったですよ。でも、一カ統で二〇〇〇万ぐらいかかる。漁協へじぇんこ（お金）借りに行ったべさ。二〇〇〇万借りに行ったけど貸してくれないんだ。でもじぇんこが要る。どこから借りたと思いますか。江差《えさし》信金、現在の道南うみまち信金の松前支店だった。二〇〇〇万貸してと頼んだら、担保物件が必要だ、と言う。担保物件何もないから、俺の命でどうだ」

「体、担保ですか」

「漁協の生命保険に入って、信用金庫にこれが担保だ、と言って頼んだら担当者は呆れていたけどね」

「この前の海で定置網をやったわけ」

「前浜の水深四〇メートルから四五メートルぐらいの所でやったですよ。先輩の漁師から、この前浜のどこに魚がいるんだ、と言われたけどね。網が裂けないように工夫してやったですよ。二カ統やった。若い者には月二五万円の最低賃金を保障してね。だから、初めは給料を払うのにまた借金をした。でも二年目には年間水揚げ八〇〇〇万円の成績だった。三〇年前ごろがいちばん水揚げがあった。ヒラメの値段が良かったね」

「主に何が獲れたんですか」

「ヒラメとホッケが獲れた。ホッケは二カ月半で五〇〇トン獲れたからね。大型定置網ですよ。借金は二年で返した。川でも海でもそうだけど、酸素の豊富な場所に網を入れたらいくらでも獲れる」

　ホッケの蓄養のことについて尋ねた。

「ホッケの小さいのを生簀《いけす》で飼っていますよ。北海道では私が初めてやったことでね。一辺九メートルの四角な生簀、これに七〇〇〇匹入れる。大きさは二八〇グラムから三〇〇グラム。それが六〇〇グラムになる。三カ月から四カ月で倍になりますよ」

「餌の調達はどうしていますか」

「餌はねえ、ここは恵まれている。なぜかと言えば、スルメの水産加工場がある。腸《はらわた》を餌にして

これからの松前の漁業を語る
寺田敏広さん

ね。水産加工場が捨てるとなると、産業廃棄物だから金がかかる。生のままでは産業廃棄物なんだけど、いったん冷凍すると産業廃棄物から免れる。それを、漁協の冷蔵庫に保管して貰っているので、手数料と冷凍などの電気代などを支払っているけど、二〇キロ当たり三〇〇円だ。しかし、イカの内臓をずっと与え続けると、独特の匂いが魚体に付いてしまう。一般の消費者には分からないだろうが、私には分かる。四カ月蓄養するとすれば、初めの二カ月半をイカの内臓で育てて、残りの一カ月半はイワシを餌にしている。生イワシです。

四〇〇グラムのホッケが三〇〇円、それを四カ月蓄養して品薄の時期に出荷すると七〇〇〇円になる」

「餌代その他を差引いても五〇〇〇円にはなりますね」

「ここまでなるのには苦労したですよ。売り方もわからないし、漁協にも売ることができない。いろいろ苦労しているうちに、魚を買ってくれる人が見つかった。函館の人でね。細々とやっていたんだけど、その人成功してね。蓄養したホッケなら幾らでも買ってくれる。ホッケは刺身としゃぶしゃぶ、それに回転ずしに使われていますよ。本来、天然のホッケは刺身として食べることはないが、蓄養することで可能になった。ホッケ、ホッケと馬鹿にしているけど、売り方ひとつで高級魚に化ける。今までは俺ひとりでやって来たんだけど、ここの（加登さん）の息子に、やりなさい、と勧めた。

これからは、一〇〇〇匹の魚で生活するか、三〇〇匹の魚でも生活できるようにするか。俺は後の方のやり方だ。まあ、アイデアだよね。これからはそういう時代だと思いますよ」

寺田さんの話には、北の海で生きる漁師の情熱がこもっていた。

「そう、そういう時代ですよ。やっぱり漁師さんも商売人というか、経済的な発想を持たないとね」

このように相槌を打った私に、飯田さんも次のように話を添えた。

「沢山獲って魚が枯渇してしまう前に、少し獲ってそれに付加価値をつけるのが大切でしょう。そのことから言えば、寺田さんは松前の漁業のパイオニアだ」

寺田さんは私たちの話のあとに磯の大切なことを言った。

「俺《おい》らが小さいとき、松前の磯は豊かだった。エゾムラサキウニ、エゾアワビ、いっぱいいた。足のやり場がないだけウニがいたからね。あのころの磯に戻さないとね。みんなが力を合わせれば戻せる。北海道の海岸をぐるっと廻って来たけど、松前の海ほど恵まれた海はない。磯がいいんだ。俺、組合の役員に言ったことがある。あの岩、冬になって波かぶると、寒ノリが採れる。海水面あたりにはフノリ、その下にワカメが生える。もう少し深みに入ると、コンブだよね。その下に、ウニ、アワビがいる。こんなに沢山の資源があるんだよ。これをみんなできっちり護《まも》って行けば、松前さくら漁協は左うちわだ。漁師がルールを守って行けば、必ず海は応えてくれる。このように言ってやったですよ」

寺田さんの元気な話はあとしばらく続いた。正午を過ぎている。加登家の人たちは、午後の仕事に掛かるのか、私たちを残して浜へ出た。出されたコーヒーを飲んで、寺田さんに大漁を祈っていますよ、と挨拶して部屋を辞去した。話し込んでしまって、私たちはバスに乗り遅れた。

町の魚屋で

松前町の札前で寺田敏広さんから話を聴いたあと、町の中心地である松城へ戻ることにしたが、町のコミュニティバスの時刻表を見ると、一二時過ぎに出たあと、その次は三時間ほど先までない。それではと、飯田幸仁さんが松前さくらハイヤーに電話をしてくれた。停留所は漁港を見下ろす小高い所にある。海鳥が舞った。

車は国道二二八号を快適に走った。直線の整備された道は、折戸《おりと》海岸を過ぎて町の中心部に入る。

「あの先の小さな建物が魚屋です。そこは唐津という所、漁業の町であるのに、大きな店舗をかまえた魚屋がないんです。店は今会った寺田さんの奥さんがやっていましてね。朝揚がった魚から、町の人向きのものを自分で選んで、ここに運んで売っています」

飯田さんのこの話を聴いてハイヤーを降りた。店の脇に魚屋であるとわかる幟《のぼり》が旗めいている。庭にはイカなどを干す丸い道具が置かれていた。それがくるくると回って風を起こして魚類を乾かす。こんにちは、と声を掛けて店の戸を開けた。札前荷さばき所の岸壁から運んで間もない魚が、生きいきとした姿で濡れたまま売り場に並ぶ。何種類かの北の海の魚だが、ホッケ以外は知らないものばかりである。

奥さんに名前を訊《き》いた。寺田たき子と告げた。青森県の下北半島の出身らしい。小柄の白髪がきれいな人である。次に魚の名を尋ねた。右から左へ、ホッケ、マゾイ、ムラゾイ、ガヤ、ドンコと順番に名前を呼んでくれた。ホッケは灰色をしている。四〇センチぐらいだから、中の大きさだろう。秋から冬にかけてが産卵期と言われるから、今が旬の魚である。

そういえば、札前で、寺田さんから話を聴いているとき、場所は寺田さんの家の隣の漁師さんの家だったのだが、台所から運ばれて来た小鉢に、ホッケの卵の煮たものがあった。餅がひと切れ入っていて、薄味の煮汁といっしょに口に入れた。それはまさに北の海の味、絶品であった。つい先程味わった漁家の即席の味を、店先で思い出していた。

その日に水揚げされた魚を売る店。
右はイカなどを乾かす道具。
電気で回し風を起こして乾かす

マゾイ、ムラゾイはソイの仲間か。勉強不足で初めて目にする魚だ。ソイは『広辞苑』では、メバルなどの地方名とある。ガヤというのがあった。エゾメバルのことだ、とたき子さんは言う。ものの本では、がやがやとうるさいほどいるから、この名が付けられた、と書いてある。煮付けにするとうまいと聞いた。

三人で立ち話をしている所へ、近くのお得意さんだろうか、魚を買いに入って来た。きょうは何があるの、といった感じの顔付きをして、並べられた魚を見ている。客は、これを二枚と言って、ガヤを指さす。女主《あるじ》のたき子さんは、お勝手で手早くうろこを取り、腸《はらわた》とえらを除いたのを、客に渡していた。

松前で古伊万里のかけらを拾う

国道二二八号は、松前町の中心部（弁天、大磯、博多、唐津、松城、福山など本州や九州にある地名が続く海岸部）に近づくと、町並みを護るかのように海側を走る。小さな入り江を跨いで頑丈な橋が三つ架かっている。いちばん松城寄りの旧波止場と言われる所の松城橋の下の渚に立った。砂利の中に皿か小鉢か、それらの割れた破片が混じっている。それを教えてくれたのは、案内の飯田さんだ。江戸時代の古伊万里の破片らしい。有田焼特有の磁器の模様が見られる。旅の思い出にと一〇個ほどを拾って、ジャンパーのポケットにしのばせた。はるばると新幹線を乗り継ぎ、延々とバスに揺られて、古伊万里のかけらを拾った変わり者がここにいる。このように口をすぼめて声を出し、波打ち際に立った。流れ寄った漂流物の中のあちこちに、大粒の栗の実が混じっているのを見つけた。

「北海道でも栗のなるのが分かるでしょう。多分、この前の大雨のとき、奥の山から川を流れて海へ届き、それが波で打ち上げられたんでしょう」

と飯田さんはさりげなく話す。

前方の小高い山の上に松前城が望まれた。正しくは福山城という。城山の周りの繁みは、いたるところ紅葉で美しい。サクラの葉が色づいているのである。

「松前ではサクラが紅葉して、しばらく人の目を楽しませてから散ります。だから、春五月の花、そして秋一一月の紅葉、ここのサクラは二度楽しめますからね」

飯田さんのふるさと自慢に、

「歴史があり、海産物は魚だけでなく、貝も海藻もさまざまあって、それでいて雪は少ないらしいから、北海道では暮らしやすい、いい町だと言えますよ」

と私は相槌を打つ。夕暮れ迫る白壁の家並みの町は、一編の詩のようであり、一幅の日本画に似て、いかにも床《ゆか》しい雰囲気であった。その日は風もなく初冬というより、晩秋と言えた。「時雨《しぐれ》降る夜の冬近く、哀れ身にしむ秋の暮」という、河竹黙阿弥《かわたけもくあみ》の芝居（『島鵆月白浪《しまちどりつきのしらなみ》』）のひとふしが口を突いて出た。ただ今帰りました、と声を掛けて宿の玄関に立った。

宿での二人の話など

「きのうは東京駅から新幹線で四時間あまり、そこから一時間三〇分ほどバスに乗ってやっと着きました。それでもここは北海道の西南の端っこだから、ここから北へ北へと大地がひろがる。やはり北海道はデッカイドウだな、そんな気分ですよ」

宿のロビーに腰掛けて、このように言う私に、飯田さんは、

「海岸線は二〇〇〇キロ、いや二五〇〇キロあるという人もいます。それに離島がありますからね。松前は漁港が多いですよ。北海道では、二番目に漁港の多い町だと言われています。漁港のある所には必ず神社があってね。漁協は二つが合併して、今は『松前さくら漁業協同組合』となりました。

町の人口は、一九五五（昭和三〇）年ごろは、約二万人ぐらいあったんだけど、先月の町の広報

の数字では、七一〇〇人とあったから減ったわけです。産業はやはり漁業が第一位だけど、人も減り、船も減りでね。一五年前の漁港の佇《たたず》まいを写した写真と現在の様子を比べてみますと、港の活気というか、賑わいがうんと違ってきているのが分かりますよ」

このように話した。きょうは松前小島がよく見えた、という私の言葉に継いで、飯田さんは次のように説明してくれる。

「松前小島の近くに海流がぶつかる場所があって、海底に棚があるので、魚がよく集まるのだ、と言われています。秋から冬にかけては急に海の様子が変わります。三角波が立ちますしね」

二〇一七年の一一月に、北朝鮮籍の漁船の乗組員一〇名が不法に島に上陸して一〇日ほど島に滞在し、島の小屋の鍵をこわすやら、発動機や電化製品などを持ち出した事件が、大々的に報道されたことがあった。このことを言うと、

「上陸した日、松前のひとりの漁師が不審な小船を見たらしいのですが、あまり気にもとめず、漁協へも警察へも知らさなかったらしいですよ。盗られた発動機はすでに耐用年数が過ぎた古いもので、そのうち取り換えなければ、と言っていたらしいのです。新しいのでなくてよかった、というのが地元の本音でしょう」

と飯田さんは笑う。飯田幸仁さんは一九六五（昭和四〇）年生まれ。町の歴史ガイドを引き受けたり、町議会にも議席を持つ。北海道遺産である松前城や寺町、桜見本園など町の観光名所を案内する仕事をしている。町の北の方の茂草《もぐさ》で生まれた。

「父親は漁師でしたが、一九八三（昭和五八）年五月二六日にあった秋田沖の日本海中部地震の大津波で、船が転覆して全壊してしまいました。船がなければ漁業はやれない。これからどうすると

いうことになりましてね。兄がいて相談したのですが、借金してやるのも大変だ、ということになって、やらない方を選択し、おやじは出稼ぎ仕事に出ました。私は高校三年生で函館にいました。仕送りして貰って卒業しました」

これに続けて観光ガイドらしい説明もしてくれる。

「江戸時代には、北海道中の産物が松前に集められて、北前船で京大坂へと運ばれたんですね。能登半島を過ぎ敦賀《つるが》から琵琶湖を渡り、そして大津、京へという物流があったんでしょう。江戸時代も中期となると、下関から瀬戸内海を通って行くようになりました。だから代々の殿様の墓石も、古いのは福井産の笏谷石《しゃくだにいし》と言われる石材だけど、のちになると瀬戸内海の御影石《みかげいし》に変わります。本州から荷物を満載して来る北前船のバラスト、つまり、船底に積む重しとして運んで来たんでしょう。北前船が運んだ文化があったんです。上方の文化が入って来ました。言葉や料理、祇園ばやしなども形を変えて伝承されていますし、九州からは古伊万里が渡って来ました。そのかけらがさきほど渚で拾ったものですよ。江戸時代の日本の経済を支えた北の要《かなめ》が松前だ、と言っていいと思います」

名物の松前漬のことが出た。

「細かく刻んだスルメにその量の三倍ぐらいの醬油だれを加え、手のひらで力いっぱいもみ込むとです。そうしているうちに泡が出てきますから、そこへ刻みコンブを加える、この方法が一番です。夫婦言い争いで腹を立てたときのような気持ちで力を入れてもみ込むのが一番だ、と地元の人は言いますよ」

ここで二人は声を立てて笑った。

翌日も穏やかに晴れた晩秋の朝であった。バス停までの歩道はサクラの花と花びらが描かれたコンクリートブロックが敷きつめられている。ごみひとつ落ちていない清潔な歩道であった。朝陽が海を照らしている。ひと筋の黄金の帯のような光が海上にあった。バスの窓から白神《しらかみ》の港を見たら、「大漁もみんなの笑顔も無事故から」と力強く書かれた文字が岸壁にあった。この言葉こそ、全国のどの漁村にもあてはまるものだ、と遠ざかる堤防を見つめた。

白神岬への海岸線が美しい。山が迫り、すぐ海になる。その海、山の間に人びとの暮らしがある。一本道は地底深く青函トンネルが走る、吉岡港へと続いていた。

（二〇一九・一一・二七）

温泉街のすぐそばで

――高架の下でのサザエの話

熱海、伊豆山漁港へ

「京に田舎あり」は、上方系の「いろはかるた」の最後の一枚である。にぎやかで華やかな都にも、田舎めいた所がある、という意味であることは、万人周知のこと。この札にぴったりの場所が熱海市にもある。伊豆山漁港だ。

南伊豆町の海岸を訪ね歩いた帰り道、そこを訪ねた。四年半ぶりの再訪であった。八五歳を過ぎても、現役の海女《あま》として熱海の海に潜る島静子《しましずこ》さんに会うためであった。

年中、雑踏が絶えない熱海の駅前から、北に向かって国道一三五号を走る。海光町《かいこうちょう》という町を抜けた。曲りくねった坂道を行く。しばらく走った所で、海岸へ下る狭い道があった。急な坂道である。右手の繁みは陽の射さない暗い森である。下りきった所に小さい港、伊豆山漁港がある。多くの漁船が舫《もや》っていた。

港の上を熱海ビーチラインが走っている。熱海の街の中心地、お宮の松の公園の所から、静岡と神奈川両県の県境である千歳川河口にある千歳橋までの有料の自動車専用道路が、海岸すれすれに造られているのである。その橋梁が港の半分を覆っている、と言っても過言ではない。

熱海市伊豆山漁港の上を走る自動車専用道路

高架の下で話し合う漁師さんたち

ここで静子さんに会ったのは二〇一三年二月なかばであった。一九二九（昭和四）年生まれの元気な海女さんであった。そのときすでに八四歳、三重県志摩半島の国崎《くざき》で生まれた、と言った。テングサ採りに来て、縁あって熱海の漁師と結婚し、ずっと海女漁を続けてきた人である。このことについては、北斗書房から出版された拙著、『海女、このすばらしき人たち』に詳しい。

今回も、静子さんの息子さんの康之《やすゆき》さんが、熱海の駅前で待っていてくれた。ごぶさたしました、との短い挨拶もそこそこに、迎えの自動車に乗って港を目ざす。静子さんが怪我をしていると聞いたので、お見舞いを兼ねての途中下車であった。

「お母さん、大したことはないんですか」

「いや、お袋ね、去年(二〇一六)の五月までは潜っていたんだけど、庭先で転んじゃって、お尻の骨折ってね。まだ杖ついていますよ」

「年寄りにはよくあることですけどね」

こんな会話を交わすうちに港に着いた。

伊豆山漁港は小さな港である。自動車専用道路の高架の下に海女小屋が建っている。倉庫もある。漁家それぞれの冷蔵庫が並んでいる。道路が屋根代わりで、雨が降っても濡れる心配はない。

折りからの台風接近の影響か、高波が堤防の横から、船揚場に向かって押し入って来る。その向こうには大きな旅館が建ち並んでいる。伊豆山温泉である。二、三人の人が高架の下の椅子に思い思いに腰掛けていた。私も案内の康之さんと並んで腰掛けて、雑談の仲間入りをする。

「今年はサザエがたくさん獲れてね。獲れ過ぎて値が下がってね。いちばん安いときは、一キロ当たり二五〇円だったからね。毎日五〇キロは獲れるけど、こう安くてはとみんなで話し合って、獲るのを控えていますよ。サザエはよく獲れる年とそうでない年とあって、漁不漁の波がある。今年は豊漁と言えます」

「アワビはどうですか」

私の問い掛けに、島さんは次のように話した。

「少ないね。アワビが獲れないのは全国どの浦浜でもそうなんだろうけど、とにかく減ったね。獲れないから値の方は上がる一方でね。一キロ当たり一万二〇〇〇円したときもあったですよ。稚貝

今夏（2017年）のサザエ漁を
語る島康之さん

の放流をしていますが、今いち増えた感じがしない。私たちはきっちり獲ってよい大きさを守っているんだけど、年々減っていますよ。今年も、アワビの稚貝一万二〇〇〇個を放流しました。漁師一人当たり六〇〇〇円の負担だから、ありがたいですよ。殻長三センチぐらいの大きさかな」

「三重県の漁場でも、それぐらいの大きさのを放流しているようですけど、放流の歩留《ぶど》まりを良くするためには、もう少し大きい、つまり殻長五センチぐらいのを、とそんな意見が出てきているようです」

「放流のやり方も以前よりはうんと気を付けて、潜って磯まで持って行くとかね。ほとんどが税金で大きくなったものなんだから」

「八年前でちょっと古いですが、千葉県の例ですけど、二七ミリサイズにするのに一個あたり約八〇円の経費がかかると聞きました。過去三年の平均だ、と言っていましたけど。いずれにしても、陸上の水槽での生産だから、海からの揚水にかかる電気代も馬鹿にならない。裏返えせば、電気の塊のようなものですからね。こうなると稚貝が育つ磯の環境の保護がいちばん大事なんですよ。あれは四年半前の冬だったけど、あなたの船に乗せて貰って、お母さんの海女漁の様子を見ました。

あの朝、雨が降って来て、もう止めようと一時間足らずで終わったんですよね。お母さん、すばらしいアワビを一五個ほど獲って揚がって来ました。すぐ後ろが日本一といってよい熱海の大温泉街でしょう。陸上からの排水も多いはずなのに、さすがに伊豆の海はすばらしい、とあのときのこと、忘れないでいますよ」

こんな思い出話をしたあと、サザエの稚貝の放流について尋ねてみた。

「伊豆諸島の利島《としま》では、サザエの稚貝放流をしているようなんですけど、ここではどうですか」

「静岡県ではサザエの稚貝放流はありません。今年のように、どかっと獲れる大漁の年もあるからね。サザエは不思議な貝だ」

こんな返事であった。

八八歳の海女を訪ねる

静子さんに会うため、港の坂道を登り、お住まいの山手の住宅まで走って貰う。赤茶色に塗られた逢初橋《あいぞめばし》を渡ってすぐの所を左折し、東海道線、新幹線のガードを続けてくぐり抜けた。途中で自動車を停め、少しばかり細い道を歩いて行った。庭先にひともとの夏みかんの木があった。

静子さんはちょっとした不注意で、庭で転び大腿骨を折ったのだと言う。しっかりした話しぶりであった。静子さんも海女の多くに見られる難聴で、補聴器が頼りである。

「九〇までは潜りたいと思っていたのにね。まだ少し傷が癒《い》えないの。息子の漁の網のごみを取ったり、手でできることはやってもね、杖ついてこの坂道は降りられないし、不自由になりましたよ。

生まれ在所の志摩の国崎の身内も一人減り二人減りで、淋しくなるばかりですよ。去年の五月までは潜っていたんだけどね」

九〇までは潜りたかった、この静子さんの呟きに、七〇年を余る歳月、海女漁ひと筋に生きた女性のたくましさに脱帽したのである。あなたも元気でね、と手を差し出して、にっこり笑う。働き続けた女性の美しい顔があった。

90歳までは海女漁をしたかった、
と話す島静子さん

熱海の海岸で思う

伊豆山の漁師さんたちは、大熱海漁業協同組合の組合員である。熱海を中にして、北の伊豆山と南の多賀《たが》の三つが合併して大熱海漁協となった。伊豆山で潜る人は、二、三人の海女を含めても十指に満たない。今年（二〇一七）、サザエを獲る海士《あま》は五人ほどだ、と聞いた。後継者も少ない。

熱海市のいちばん南の網代《あじろ》地区は、行政の区域を越えて伊東市漁協と合併している。一つの漁協に行政の窓口は二つということになる。似た事例は全国あちこち、幾つもあろう。合併の掛け声で、漁協合併が進み、みな大きな団体となった。だが、浜歩きをしていて身近かに感じることは、つまりかつての漁協が、支所や支店というような小さな事業所になり、どことなく活気のない場所になってしまっている、と感じられるのだ。賑わいのあった浦浜はどこへ行ったのだろうか、と思う。

漁業は、自然からの恵みを自然のなかで採取する生業であるが、一方で波浪《はろう》、風浪時化《ふうろうしけ》があったり、資源の来遊がなかったりと思い通りにはいかず、常に自然と対峙《たいじ》し、計画通り、思い通りに実行できるものではない。海の状況、魚の回遊状況を見ながら仕事をするしかない。定時で働く仕事とは、まったくリズムが異なるものなのだ。

折からの高波で漁船が舫《もや》う伊豆山漁港

敬愛する濱田武士《はまだたけし》さんの『魚と日本人――食と職の経済学』（岩波新書）の中に、このように書かれている。漁業の仕事は厳しい。しかし、日本からこれ以上漁業を衰退させてはならない。魚食の民である日本人にとって、漁業の復活こそ、喫緊の課題なのである。

（二〇一七・七・二九）

第三章 ◉ 海への思い五〇年

海女さんにその日の漁を訊く筆者

未知の人に出会う旅

旅は偶然がものを言う。人との出会いの何と不思議ですばらしいことか。旅に魅せられる原因は、この出会いにある。そしてそれは、のちのちの生涯の財産になるからありがたい。

私は日本各地の漁村を歩いて聞き書きをしている。そこに住んで海と共に生きてきた女性たちから、地域で暮らしてきた苦労話を聞くのである。すでに三冊のシリーズとして上梓することができた。本州・四国・九州はもとより、北は天売《てうり》・焼尻《やぎしり》の小島から、南は西表島《いりおもてじま》まではるばると見知らぬ人を訪ねての旅である。

良寛記念館の近くから見下ろした出雲崎の町並み。かつては紙風船を貼る町でもあった。
1992年3月4日撮す

離島もそれぞれに忘れ難いが、交通の不便な点では漁村はどこも同じだ。日に三、四回しか走らない小さな町営バスにゆられて峠を越え、屏風を立てたような山のすそに家々が肩を寄せ合うようにしている漁村——そこは徳島の阿部《あぶ》というところで、アワビ漁がさかんな集落であった。宿の人と何げなく話していて分かったのだが、敗戦すぐのころ、高知県に近い村から来ていた女性教師がいて、近くに下宿していた。その人こそ私の姪が嫁いだ先の姑《しゅうとめ》であった。世の中、広いようでも狭いものだ。偶然とはいえ不思議だと語り合ったことだった。

雪が舞う、黒々とした細い街道がひと筋長く通じていた北陸の漁村出雲崎《いずもざき》、三月の海の町は冷えびえと静かであった。ここは紙風船を貼る町でもある。薄い紙を貼り合わせた紙の毬《まり》を掌《てのひら》にのせて、ポンと中空にはじき上げたら、毬は、粉雪の降る寒気の中を、ふわりと凍てついた瓦屋根の上に落ちた。

同じ冬の漁村でも、熊野灘では限りなく明るい。

尾鷲市梶賀浦のハラソ祭（1990年頃）

竹竿いっぱいに飾られて青い海をいろどっていた。鯨を供養するというハラソ祭の船は、大漁旗が地の果てのような尾鷲《おわせ》市梶賀《かじか》浦の一月一五日の朝の風景である。古老は竹竿の旗を見て富来旗《ふらいき》と言った。この言葉を私は三陸の山田町でも聞いている。この辺ではフラフ、フラフと言うけどな、と梶賀浦の漁師は赤銅の肌を見せて笑う。これも偶然耳にした言葉であった。フラフと言うのは、フラッグが変化したものであろうか。

延岡市の離島、島浦島《しまうらしま》を訪ねたのは、もう六年以上も前のことである。島まで案内して下さったのも初めての人、たまたま私が発表した新聞の小文を読んで下さったのが縁となった。

島では産婆さんから話を聞いた。島の昔の話ではあったが、苦しい暮らしの中で、子を産み育てることの、どれほどに辛いことであったかが分かる、この島でしか聞くことのできない貴重な内容であった。

産婆さんは小柄で色白のひとであった。帰るとき高速船の私たちに手を振って、いつまでも岸壁に立っていてくれた。途中から真っ白いハンカチーフを振ってくれた。腕をいっぱいに伸ばして左右に振ってくれた。遠ざかる港に、小さな小さなひとが一人立っていた。

海の日にちなんで、七月二〇日から三日間、NHKラジオの「人生読本」に出演した。「磯の香り、浜の声」と題して、六年間続けてきた漁村の女性からの聞き書きの仕事の話をした。島浦島のその人から、再放送まで聞いたという便りが届いた。この人は、また驚くような偶然の出会いがあったことを知らせてくれたのである。手紙の一部には次のように書かれていた。

「先日、島の老人会のカラオケ大会で、「鰯の餌買い」に伊勢から来島された方が二人いらっしゃって、聞けば、先生のご郷里南勢町田曽浦《たそうら》の人たちでした」

鰯の餌というのは、カツオ遠洋漁船では欠かせぬ、釣るときに船からカツオの群れに撒《ま》く生きイワシのことだ。イワシの獲れる漁場を廻って、それを買い付け、自分の所属する漁船へ連絡する漁師がいる。餌買いと言われ、カツオ遠洋漁業では大事な役の一つである。島浦島で私の町の二人は、私の知人とそれこそ偶然に出会ったのだ。どんな話を交わしたのだろうか。「そいでなあ」と大声で言う伊勢訛《なま》りが九州の離島で聞かれただろう。旅は、味のある出会いをつくってくれる。

五月初旬の北海道日高海岸の旅も心に残るものであった。山桜が満開で、はるかな山脈にも白く光る花の塊が望まれた。冬島という漁村で、津軽から嫁にきて、翌日から昆布拾いをしたという

宮崎県延岡市島浦島での聞き取り。
右側2人目のメモを取る女性が島の産婆さん（1989年）

北海道襟裳岬近くの海岸で（1994年）

女性に会った。ひと晩中拾い続け、疲れ果てて昆布の山にもたれて眠ったというような話を聞いた。この人は、日程に一日余裕があるのなら、襟裳岬《えりもみさき》から少し東へ寄った庶野《しょや》という漁村まで足を延ばせと言う。そこで会う人は、夫婦でハタハタをとる中島ミツさんという女性であった。

中島さんも半日の私の相手を快諾してくれ、それなら岬の駐車場で落ち合おうと言う。彼女は自動車を疾駆させてやってきた。三人揃って百人浜《ひゃくにんはま》を走る。美しい松林が続いている。一度は裸地になって砂漠のようであったところを、四〇年かけて汗みどろの中で再現した松林が、さわやかな晩春の風を受けて、遠来の客を招く。折りから雨がパラつき、これから行く方角に大きな虹の橋がかかった。

そこは昆布が打ち寄せる浜である。しばらく走って目に飛び込んできた光景に、私は息を呑《の》んだ。これこそ、ゆうべ冬島で聞いた光景ではないか、と目を見はったのである。津軽娘が驚きたじろいだという昆布拾いの光景が眼前にあった。村中総出で胸まで海中に浸して、襲いかかる波と格闘しながら昆布の塊を拾い上げている。人びとは無言で波の中にいた。女性も大勢混じっている。ひと休みしてお茶を呷《あお》る女性に声を掛けた。結婚して以来、五〇年拾い続けていると言う。七五歳の女性の顔はきりっと引き締まっていた。それでも訥々《とつとつ》と語るめがねの奥の目がやさしかった。

「この前、中島さんといっしょに庶野へ行ったとき、昆布拾いのおばさんに会ったでしょう。あの人、波にさらわれて亡くなったそうですよ」

こんな知らせの電話が冬島から入ったのは、去年の夏、七月の初めであった。私はすぐ、一枚のスライドフィルムを中島さんに送り、そのことを確かめた。確かに一人亡くなったがスライドフィルムの人ではない、という返事がきた。私は安堵した。しかし、そのあと、あの光景の中の誰かが亡くなったのには違いないのだ、と思い、複雑な気持ちが一日私の心を支配したのだった。
九州の産婆さんにも、日高の女性たちにも、ぜひもう一度あなたの土地へ旅してみたいです、と手紙の返事には書き、電話の終わりは、いつもこのような挨拶で切れる。それはお世辞ではなく、どうあってもふたたびという思いが強いからだ。次はどんな偶然が待ちうけているのだろうか。胸とどろかす何かを、旅は用意してくれている。

（『まほら』VOL.6　一九九六年一月）

海女を訪ねて三〇年

親切のしやっこ

日本列島の漁村を歩き、そこの漁業や暮らしの様子などを聞き書きする旅を重ねて、早くも三〇年近くなる。何足の草鞋《わらじ》を履き替えたことか。二〇一六年末で全国津々浦々を歩いて訪ねた漁村は約四五〇カ所に及ぶ。七五〇人以上の人びとから話を聞いた。その中には一〇〇人を超える海女《あま》さんたちがいる。どの海女さんもみな元気で明るい顔の人たちであった。

北海道の松前で会った海女さんは、若いとき石川県の輪島から昆布採りの海女として働きに来て、縁あって松前の漁師と結婚した人。夫婦《めおと》船で松前小島の磯でコンブを刈る海女漁を続けて来たが、夫を亡くし、そのあとは息子を船頭にして、コンブ採りをしている。

岩手県の久慈の小袖で会った海女さんたちもコンブを採る人たちであった。宮城県石巻市の港から船で一時間あまり沖へ出た所に、網地島《あじしま》がある。島には一五、六人の海女がいると聞いて、はるばる出かけて行って海女頭から話を聞いたことがあった。不便な所だから私の家で昼食を、とアワビご飯を勧めてくれた。ご飯をよそいながら、一日でエゾアワビを一五キロは獲ると言う、さりげない言葉の中に、海女漁にかける誇りといったものを感じた。

その二、三年のち、あの東北の大震災で島も大打撃を受け、二年間は海女漁ができずにいたが、今また磯がよみがえり、口開け（解禁）の日には、三〇キロのエゾアワビを獲ったとのこと。これはいっしょに話を聞いたもう一人の海女さんからの電話での話である。

千葉県の外房の海岸はくまなく歩いた。大原から御宿《おんじゅく》へ。ここで聞いた話だが、男女一組で漁に出るが、船頭は夫でなく、雇いの漁師であった。夫はどうしていたのか、と訊《き》いたら、

「旦那はね、国鉄の運転士でね。汽車に乗っていましたよ」

こんな返事であった。

千葉県御宿の海女（1950 年頃）

海女が活躍した御宿の海岸。今、人影はない

千葉県では、何といっても千倉町《ちくらまち》（南房総市）の川口という漁村の海女さんが忘れられない。元気な声の大きな人であった。

「私はね、一三のときから海に入ったんですけどね。アワビ獲りを始めたのは、こちらへお嫁に来てからですね。一九歳から専業海女です。

アワビが成熟してきますとね。卵巣のことを、はらわたと言っていますがね、アワビは深い所にはいなくなって、上棚の磯へはい上がってくるんですよ。房総の磯はずっと棚になっていましてね。浅い日光のよく当たる所で、卵をはき出しましてね。アワビは今はどんどん減っていますからね。私がアワビ漁をし始めたころは、貝はたくさんいたし、貝自体も大きかったけど、年を追って小さくなってきていますね」

二八年も前の話であるが、ちゃんと今を予言しているといってよい。次の話も忘れられない。

「一つのグループでお互い近い距離で漁をしていますからね。アワビに当たって獲っているのと、獲れないで潜っているのとは、すぐ分かるわけですよ。溜まり（獲った貝を入れておく網）が空だとかわいそうだと言ってね。その海女が潜っている間に、そっと溜まりに貝を入れてやったりしてね。そんな親切のしやっこでやっているんです」

千倉の海女さんの話に、まごころを感じた。これだ、と私はひそかに心の中で快哉を叫んだ。背中を押されたのである。日本中の漁村の「親切のしやっこ」を、探し求めて訪ね歩こうと心に決めたのであった。

伊豆の熱海で会った海女さんは、昭和四（一九二九）年生まれで、志摩の国崎《くざき》出身の人であった。冬の曇りの日に、漁をする船に乗せて貰ったが、潜りに使う漁具の大半を生まれ故郷から買う、と語る。日本の最高齢の海女と言ってよい人なのだが、若いときテングサ採りに来て、技量を見込まれて、熱海の漁師と結婚し、それから六〇年に余る海女ひと筋の暮らしだ、と笑った。一時間足らずで船に揚がったが、それでもアワビ一五個、サザエ二〇個ほどの成果で、八〇代半ばの海女さんの顔はほころぶ。うずくまって獲ってきたアワビを数える背中の向こうに、賑やかな熱海の温泉街が望まれた。

出稼ぎと言えば、伊豆諸島の中の新島《にいじま》や式根島《しきねじま》へ、鳥羽市の石鏡《いじか》町から働きに出た海女がいた。

熱海の温泉街の前の海で漁をする海女
島静子さん。2013 年 2 月

ここでもテングサを採った。新島に住む、かつて海女であった四人の人たちから話を聞いたが、何度か行き来するうち、思う人ができて島の人と結ばれ、今は島で落ち着いた老後を送っていた。親から反対されたが、ついに思いを遂げたのだ、と言う女性もいたし、石鏡での追い廻しのような女性の立場を疑問に思い、新天地を新島に求めたのだ、泣き泣き来たのではない、と当時を偲ぶように語る人もあった。

新島の女性の歴史を綴って来た、紡ぎ出された人生という布である。ごわごわとした手強さの中に、ほかにはない艶と温かみがある。

西の果てに、小さな島に

海女は日本全国あちこちにいる。山口県長門市の油谷《ゆや》向津具下《むかつくしも》、以前は大浦と言った、それこそ本州の西の果ての漁村を訪ね、夫婦船で海女漁をする夫婦に会った。ひと夏で二〇〇万円は稼ぐと海女さんが言えば、船頭の夫は、それでも二馬力ですから、と笑う。つまり二人で働いてそれだけだ、と言うことだ。

話を聞いたあとで、ここの寺には、九州鐘崎《かねざき》から出稼ぎに来た海女たちの墓があると教えられた。寺を訪ねた。坂の上に見事な甍《いらか》の屋根を見た。鐘崎の海女たちの墓石は、檀家の墓石が美しく並ぶ上の、一段高い草むらの中に、大小約三〇基ほどが、無雑作に立ち並んでいた。中には天保一三（一八四二）年の文字が認められるのもあった。彫られた墓石に、大姉や信女の文字はあっても、海女の名はない。女性の地位が低かった時代の一つの例証ではないか。異郷で死んだ海女たちの嘆きを聴きとるかのように、草むらの至る所に野あざみが咲いている。

玄界灘にぽつんと浮かぶ小島、小呂島《おろのしま》を訪ねたのは、いつだったたか。思い返すと四年前になる。朝起きて船着場へ急いだが、波が荒くて渡れないことが二度もあった。年を

福岡鐘崎から出稼ぎに来て亡くなった
海女の墓。無雑作に墓石が立つ。
山口県長門市内の寺で

越して、やっと四月に渡り、若手の海女さんに会うことができた。船を降りて、出迎えに立っていたその人に、やっとお会いできました、と言って笑った。これが初対面の挨拶であった。

島で会った海女さんは、博多で看護師をしていたが、郷里の小呂島の漁師と結婚し、海女の仕事を始めたと話す。島には二七人の海女が、島の周りの磯でアワビを獲っているとのことであった。島には宿がない。船は隔日の航海である。午後一時二〇分の出航までの短い時間の聞き取りであった。僅かな時間の中で、島の暮らしなどを話して貰った。にこやかな笑顔で話してくれた海女さんを、なつかしく思い出す。

磯の中にも四季がある

日本に海女は何人いるか。おおよその数で約二〇〇〇人、その三分の一ほどが、三重県下の志摩半島に集中している。つまり、鳥羽市と志摩市の沿岸が、海女さんたちの活躍の舞台だ。

海女の高齢化が著しい。アワビを始め、すべての磯根資源が枯渇して獲るものがない。それでも海女は海に潜る。きょうは漁獲が少なかったが、あしたがある、とあすにかけるその声は明るい。

海女は、アワビを獲ってこそ、本当の海女だ、と異口同音に言う。アワビを獲るのに命をかけてきた。しかし、昨今の磯は淋しい。海女漁をかつてのような賑やかなものにするには、まず磯の回復が急務だ。その対策の一つとして、早くからアワビ稚貝の放流を、どの浦浜でも積極的に続けているが、放流効果がその水揚げ高に反映されていないのが現実なのである。人も資源も痩《や》せ細る。かつての豊かな海を取り戻すには、何が必要か。この喫緊の課題をどう解決するのか。道のりは遠い。

「やれる間は海女の仕事を続けます。ええ仕事やもん」

志摩市の和具《わぐ》で会った海女さんの言葉。すでに八〇歳をとっくに過ぎた人だが、意気込みは若い。仲間三人と力を合わせて、女の腕だけで海女小屋を建てた人だ。

布施田《ふせだ》（志摩市）で夫婦船で海女漁をする女性の次の言葉の何とすばらしいことか。

「以前は林のようなアラメを掻き分けて泳いで行くと、アラメの根元には必ずアワビがおったもんです。私は二六歳のころ、海女になったのですが、初めのころの海の底の美しさは、びっくりする

日本一の力量を誇る三重県志摩半島の海女

女３人で建てたという日本一小さい海女小屋の前で聞き取りをする

ほどでした。海に潜って磯を見ますと、春はテングサなんかも伸びてきますし、まるでいちめんに赤や緑の花が咲いたようになりました。夏はアラメが繁って林のようになり、秋になると葉が落ちてね。磯の中にも季節があったのか、と最初の年は驚きの連続でした」

八〇までは父さん（旦那のこと）といっしょに船人《ふなど》やりたい、と海女さんは言う。船人というのは、海女とその旦那がひと組になって海女漁をするのをいう。それならば何としてでも、

「磯の中にも季節がある」

と言えるような漁場環境を回復させねばならない。

海女漁は持続可能な漁業であり、すばらしい漁村文化として決して絶やしてはならないのである。そこに住む人たちが長年にわたって育んできた漁村の宝物だから。そうは言うものの、沿岸は沈黙の渚だ。金になる磯が少なくなっているのである。若い海女を育てる、つまり、人材の確保とともに、豊かな海への復活を急がねばならない。

そのことは漁村だけで解決できるものではない。都市の人びとが捨てる水は、いつかはアワビのすむ磯に流れ着く。台所の一滴の水の行方に、すべての人びとが心すべきであろう。海を護ることが私たち一人ひとりを守る、このことを国民的課題として考えていくべきである。全国の海女さんを訪ねる旅はもちろん、五〇年近い全国各地の漁村を歩く旅から学んだことは、このひと言につきる。

（『海とにんげん&ＳＯＳ』ＶＯＬ.16 二〇一七年一月）

あとがきに代えて

二〇一五年に出た『明平さんの首――出会いの風景』のあとがきで、「死に支度」第一号と書いた。次の年の一〇月に上梓された、『海女をたずねて――漁村異聞その4』は、第二号である。命あってこの度、その第三号が今までと同様に、ドメス出版のご厚意で世に出る。題名を、『島へ、浦へ、磯辺へ――わが終わりなき旅』とした。

本書の大半は、漁協経営センターが出していた、月刊誌『漁業と漁協』（現在休刊中）に、「漁村駆けある記」と題して連載されたものである。ほか、日本離島センターの季刊誌『しま』へ掲載された諸篇や、幾つかの雑誌などへの寄稿、それに『漁業と漁協』に掲載されずに残った四篇を加えて、一冊とした。

訪ね歩いた漁村は、北海道の松前町から北九州市門司区の恒見町まで。それに伊豆諸島の幾つかの島、瀬戸内海の離島などである。しかし、全国まんべんなく訪ね歩くことはできず、歩いた地域に片寄りがある。個人情報保護のこともあり、知人などの伝手《つて》を唯一の頼りとしての、浦々での聞き書きとなった。

「海への思い五〇年」とは、少々大げさだが、町の役場の職員として与えられた仕事の一つが、アワビの種苗生産であったから、それを出発点とすれば、優に五〇年以上の歳月を閲《けみ》している。続いて、合成洗剤追放運動のリーダーとして声を上げたのが、一九七三（昭和四八）年四月であったから、すでに四七年の年月がたつ。そのあと、加藤周一編岩波新書別冊の一つとして出た『私の昭和史』の中に、小篇「渚の五十五年」が加えられたのが、一九八八（昭和六三）年一一月で、三一年以上も前のことである。どちらも、「海」へのかかわりの中での事柄であると言える。『私の昭和史』の編者は、「まえがき」の終わりで、「思うに歴史を理解するには、近接して個別的な状況を見る必要があり、また同時に遠望して天下の形勢を察する必要がある。」と述べられた。

私はこの一文に背中を押されるようにして、全国の漁村を歩き、そこに住む人びとと膝を接して、話を聞き取り記録する作業をすることを決意し、そして実行に移した。訪ね歩いて三〇年以上、八〇〇人を超える人びととの出会いを重ねて来たのである。

前著『海女をたずねて――漁村異聞その4』の「あとがき」では、「漁村の暮らしの中から、庶民の歴史と漁村問題のありようを、書き留めようとつとめた」、と記したが、それ以降の四年にわたる営為も、棒ほど願って針ほど叶うの諺どおり、成果は微々たるものである。八八歳の誕生日を迎え、われ老いて時少なし、の思いは変わらない。生涯現役を目ざして、終わりなき旅を続けようと思うが、九〇歳は近しされど日暮れて道なお遠し、の感も免れない。

思いがけないことであったが、二〇一九年一一月一六日に、第二回石原円吉賞特別賞の栄誉に浴した。本賞は、日本水産業の指導者、漁民の父として大方の尊敬を一身に集め、戦後は、海の水質汚濁や乱獲から沿岸漁業を守ることに力を尽くした、石原円吉さんの功績を讃え、一般財団法人伊勢志摩国立公園協会により創設された。私は、日本全国の漁村を訪ねて、漁業をはじめ、人びとの暮らしや文化、自然など幅広く聞き書きを続けていることを評価されての、受賞であった。表彰式の席上で、「私の今までの仕事は、まさに、野ゆき山ゆき海辺ゆき、の五〇年でした。生涯、美しい渚に立って、心の洗濯をする自分でありたい、と願っております。」、このように挨拶した。「野ゆき山ゆき海辺ゆき」は、佐藤春夫の詩「少年の日」の冒頭の部分であり、柳兼子が歌うアルトのそのひとふしを思い出しながら、話したことであった。

思えば、三〇年以上にわたる漁村への旅で出会った、八〇〇〇人に余る人びとは、すべて私にとっては、かけがえのない教師であり、多くを学ぶことができた。さらに、いちいち名を記さないが、そこへ導いて下さった多数の知人の援助があった。また、私のつたない仕事を支えて下さった数えきれないほどの読者各位、これら大勢の方がたに、深く敬愛と感謝を捧げる。無い無い尽くしであったが、貴重な「人財産」を得たのが、何よりのことである。

今回も前著と同様、上梓までの内容の精査や編集については、米田順さんのお手を煩わせた。また、ドメス出版の佐久間俊一さんからは、出版にかかわる細ごまとした事柄についてのご指導を得た。装丁については、市川美野里さんの斬新なセンスで、美しい一冊に仕上げて戴くことができた。それに嬉しいことに、私の米壽の祝いにと、何枚かのさし絵が、親しくしている田淵由美さんから届き、それらを本書で使わせて戴くことができた。両親は四国徳島の牟岐《むぎ》町に住む。父親は牟岐の海に潜《かず》く海士で、かつて、私はご両親を訪ね、漁の話を聞き、記録したことがあった。

さまざまな人の縁のおかげで、今回も一冊が誕生する。そのことが何よりも有難い。

二〇二〇年六月一六日　米壽を迎えた日に

川口　祐二

なお小著の中で、すでに発表されたものに、一部加筆訂正したところがあるが、それらはごく小範囲にとどめ、大幅な書き直しはしなかった。また、本書中の職名や肩書、年齢などは、お会いしたときのままであることを、お断りしておく。

川口祐二

かわぐち ゆうじ

1932年三重県生まれ。

1970年代初め、漁村から合成洗剤をなくすことを提唱。そのさきがけとなって実践運動を展開。1988年11月、岩波新書別冊『私の昭和史』に採られた「渚の五十五年」が反響を呼ぶ。

それを契機として、日本の漁村を歩き海辺で暮らす人びとから話を聞き、記録する仕事を続け、現在に至る。その間、NHK ふるさと通信員、環境省委嘱自然公園指導員などのボランティア活動、ほか、2020年3月末まで、三重大学地域イノベーション推進機構社会連携特任教授として、「日本の海女文化」の講座の研究メンバーに加わる。

●

1983年度三重県文化奨励賞（文学部門）受賞
1994年度「三重県の漁業地域における合成洗剤対策について」により三上賞受賞
2001年7月、（財）田尻宗昭記念基金より第10回田尻賞を受賞
2002年2月、（財）三銀ふるさと文化財団より「三銀ふるさと三重文化賞」を人文部門で受賞
2008年度「みどりの日」自然環境功労者環境大臣表彰（保全活動部門）受賞
2015年10月、南伊勢町町民文化賞受賞
2017年6月、斎藤緑雨文化賞受賞
2019年11月、石原円吉賞特別賞受賞
近著に、『海女、このすばらしき人たち』（北斗書房）
『島をたずねて三〇〇〇里』『島へ、岸辺へ』『新・伊勢志摩春秋』
『明平さんの首』『海女をたずねて――漁村異聞 その4』（以上ドメス出版）など

現住所：三重県度会郡南伊勢町五ヶ所浦919　〒516-0101
TEL & FAX　0599-66-0909

島《しま》へ、浦《うら》へ、磯辺《いそべ》へ——わが終《お》わりなき旅《たび》

2020年9月5日　第1刷発行
2020年10月10日　第2刷発行

定価：本体2500円＋税

著　者　川口　祐二
発行者　佐久間光恵
発行所　株式会社 ドメス出版
　　　　東京都文京区白山3-2-4　〒112-0001
　　　　電話 03-3811-5615
　　　　FAX03-3811-5635
印刷・製本　株式会社 太平印刷社

ISBN 978-4-8107-0853-0

著者	書名	価格
川口祐二	海女をたずねて　漁村異聞　その4	一八〇〇円
川口祐二	島へ、岸辺へ　漁村異聞　その3	二三〇〇円
川口祐二	島をたずねて三〇〇〇里　漁村異聞　その2	二〇〇〇円
川口祐二	漁村異聞　海辺で暮らす人びとの話	二〇〇〇円
川口祐二	明平さんの首　出会いの風景	二〇〇〇円
川口祐二	新・伊勢志摩春秋　ふるさと再発見	二八〇〇円
川口祐二	伊勢志摩春秋　ふるさと再発見	一八〇〇円
川口祐二	甦れ、いのちの海　漁村の暮らし、いま・むかし	二三〇〇円
川口祐二	石を拭く日々　渚よ叫べ	二〇〇〇円
川口祐二	光る海、渚の暮らし	二〇〇〇円
川口祐二	渚ばんざい　漁村に暮らして	二〇〇〇円
川口祐二	潮風の道　海の村の人びとの暮らし	二〇〇〇円
川口祐二	波の音、人の声　昭和を生きた女たち	一八〇〇円
川口祐二	島に吹く風　女たちの昭和	一七〇〇円
川口祐二	女たちの海　昭和の証言	一七〇〇円
川口祐二	近景・遠景　私の佐多稲子	二〇〇〇円
川口祐二	遠く逝く人　佐多稲子さんとの縁	一七〇〇円
里き・源吉の手紙を読む会編	故国遙かなり　太平洋を渡った里き・源吉の手紙	二〇〇〇円

＊表示価格は税別